科技创新人才成长与竞赛指导丛书

学生成才的秘密?

全国创新发明金牌教练
全国十佳科技辅导员
中学物理特级教师 ｜ 崔 伟　方红霞
滕玉英　方松飞 / 编著

U0353341

东南大学出版社
SOUTHEAST UNIVERSITY PRESS
·南京·

图书在版编目（CIP）数据

学生成才的秘密 / 崔伟等编著. —南京：东南大
学出版社，2017.12

（科技创新人才成长与竞赛指导丛书 / 崔伟等主编）

ISBN 978 - 7 - 5641 - 7474 - 3

Ⅰ. ①学… Ⅱ. ①崔… Ⅲ. ①创造发明-青少年读物
Ⅳ. ①N19 - 49

中国版本图书馆 CIP 数据核字（2017）第 270739 号

学生成才的秘密

出版发行		东南大学出版社
出 版 人		江建中
社 址		南京市四牌楼 2 号
邮 编		210096
网 址		http://www.seupress.com
经 销		全国各地新华书店
印 刷		江苏凤凰扬州鑫华印刷有限公司
开 本		787 mm×1092 mm 1/16
印 张		12
字 数		320 千字
版 次		2017 年 12 月第 1 版
印 次		2017 年 12 月第 1 次印刷
书 号		ISBN 978 - 7 - 5641 - 7474 - 3
定 价		54.80 元

* 本社图书若有印装质量问题，请直接与营销部联系，电话：025 - 83791830

丛书编委会

主要作者简介

崔伟 特级教师

东南大学工学硕士,现任扬州中学教育集团树人学校党委副书记、副校长,扬州市初中物理特级教师,扬州大学硕士研究生导师,全国十佳科技辅导员、江苏省优秀青少年科技教育校长、扬州市青少年科技创新崔伟名师工作室总领衔。他是全国优秀教科研成果一等奖、江苏省基础教育教学成果二等奖获得者。主持江苏省教育科学规划重点课题2项,主持教育部规划课题子课题、国家自然科学基金委员会课题子课题各1项。发表论文25篇,其中11篇论文在北大版的核心期刊上发表或被人大复印资料中心《中学物理教与学》全文转载。

方红霞 特级教师

扬州大学物理学士,扬州大学附属中学物理教研组长,江苏省高中物理特级教师,江苏省优秀中小学科技辅导员,全国教育科研活动先进个人。她是江苏省基础教育教学成果二等奖、江苏省科技创新大赛成果一等奖、江苏省中学物理教学改革创新评比一等奖获得者。主持江苏省教育科学规划重点课题1项。发表论文23篇,其中10篇论文在北大版核心期刊上发表或被人大复印资料中心《中学物理教与学》全文转载。

滕玉英 特级教师

南京师范大学教育硕士,现任海门市东洲中学党委书记、校长,东洲中学教育管理集团总校长,江苏省初中物理特级教师,中学物理正高级教师,江苏省基础教育课程改革先进个人,江苏省优秀青少年科技教育校长,南通大学兼职教授。她是江苏省基础教育成果特等奖获得者。多次代表省、市赴新疆、西藏、四川等地进行送教讲座。主持、参与国家、省、市级多项课题。发表论文30多篇,其中6篇论文在北大版核心期刊上发表或被人大复印资料中心《中学物理教与学》全文转载。

方松飞 特级教师

苏州大学物理系毕业,扬州中学教育集团树人学校教育督导,负责树人少科院工作。他是江苏省物理特级教师,全国教育科研先进个人,全国创新发明金牌教练,全国十佳科技教师,江苏省中小学教材审查委员会初中物理专家组成员。著有《构建课堂教学大磁场》《怎样使你早日成才》等教育专著3部,主编《新概念物理初中培优读本》《资源与学案》等教学辅导用书24种,有40多篇论文在《物理教学》等期刊上发表。

序言

让人才脱颖而出

　　当今世界，各国综合国力的竞争说到底是科技实力和创新人才的竞争，人才是创新驱动的核心要素。面对中国经济发展新常态，国务院于 2016 年印发了《国家创新驱动发展战略纲要》和《"十三五"国家科技创新规划》。纲要指出：创新是引领发展的第一动力，创新驱动是国家命运所系、世界大势所趋、发展形势所迫。落实纲要的关键是加快建设科技创新领军人才和高技能人才队伍。以学校教育而言，只有实施创新教育，才能立足于科技创新人才的早期培养，才能与国家创新驱动发展战略做到无缝对接。其核心是为了迎接信息时代的挑战，着重研究与解决在基础教育领域如何培养学生的创新意识、创新精神和创新能力的问题。

　　扬州中学教育集团树人学校正是在这样的背景下，于 2009 年创办了树人少科院，并以此为载体，对科技创新人才的早期培养进行了实践性探索：主持了扬州市规划课题《中学生科学素养和人文素养培养的研究》、教育部子课题《中学生创造力及其培养的研究》、江苏省重点课题《基于科技创新人才早期培养模式的实践研究》、国家自然科学基金委员会子课题《教学环境对中学生创造力的影响研究》和江苏省"十三五"重点课题《中学生物理核心素养模型构建的校本化研究》。前 3 个课题已成功结题，其研究成果分别获扬州市"十二五"教育科研成果一等奖、江苏省基础教育教学成果二等奖和江苏省第四届教育科研成果三等奖。《青少年科技创新人才培养模式的创新探索》于 2015 年在北京师范大学举办的首届中国教育创新成果公益博览会上展示，后在北京大学举办的第十一届全国创新名校大会上交流，并获中国教育创新成果金奖。研究专著《让创新人才从树人少科院腾飞》于 2016 年获扬州市第二届基础教育教学成果一等奖，已入选扬州市首批教育文集并由广陵书社正式出版。还有《让创新人才在翻转课堂中脱颖而出》《科技创新人才培养策略的前瞻性研究》《科技创新人才早期培养的实践探索》《校本教研中的创新人才培养策略研究》等 30 多篇课题研究论文在期刊上发表。

其中 19 篇论文在北大版核心期刊《中学物理教学参考》《教学与管理》《教学月刊》《物理教师》上发表或被人大复印资料《中学物理教与学》全文转载。

科技创新人才的早期培养也结出了丰硕的成果,从 2009 年创办树人少科院至今,已有 2 000 多学生在扬州市以上的各级各类组织的科技创新竞赛中获奖。其中有 48 人获全国的发明类金、银、铜奖,328 人获全国一、二、三等奖,502 人获江苏省一、二、三等奖。在上述的金奖或一等奖的得主中,有 2 人荣获用邓小平稿费做奖金的中国青少年科技创新奖;2 人因科技创新成果显著而当选为全国少代会代表,出席全国的少先队代表大会,分别受到胡锦涛和习近平总书记的亲切接见。3 人获江苏省人民政府青少年科技创新培源奖,4 人成为全国十佳小院士,11 人被评为江苏省青少年科技创新标兵,15 人次获扬州市青少年科技创新市长奖,78 人被评为中国少年科学院小院士,106 项学生发明获国家专利证书。

为了将上述研究成果面向社会推广,让科技爱好者和中学生分享其中的成果,我们以曾获扬州市优秀校本课程的《走进科技乐园》为基础,编写了"科技创新人才成长与竞赛指导"丛书。

本丛书以树人少科院和东洲少科院部分学生的成长为案例,以读本的方式呈现,含《发明创造的秘密》《学生成才的秘密》《思维方法的秘密》《实验探究的秘密》《社会调查的秘密》《科技实践的秘密》六册。本丛书虽为中学生撰写,但也同样适用于小学生、大学生。衷心感谢树人学校党委书记、校长陆建军对树人少科院的倾心培育以及对本丛书编写工作的支持与鼓励。

愿你在丛书的陪伴下茁壮成长,在成才之路上脱颖而出。

本书为你搭建一个人才成长的金字塔模型。激励你向着塔顶巅峰努力攀升！

第一章人才成长的秘密，从学生张辛梓的发展故事说起。让你感悟内因是根据，外因是条件，外因通过内因而起作用的成才道理。由此引出公式 $A=X+Y+Z$，让你从中领悟爱因斯坦的成才秘诀。再从钱三强的报国之志中理解人才成长的金字塔模型，激励你从现在开始，一步一个脚印，向着人才金字塔的巅峰努力攀升。

第二章文化奠基的秘密，从"善＋美＋真＝文化"公式的解密说起。让你在夯实人文底蕴中，领悟文化之基；在追求科学精神中，解密文化之魂；在提高技术水平中，领会文化之根；在内化工程思维中，采摘文化之果；在彰显数学价值中，理解文化之本。相信你会在破解文化奠基的秘密中，步入创新人才的大门。

第三章关键能力的秘密，从金、木、水、火、土的解密说起，将其迁移到"自育、自学、实践、探究、创新"这五种关键能力上来。如成才之土那样培养你的自我教育能力，像成才之金那样发展你的自学能力，如成才之水那样增强你的实践能力，像成才之木那样提高你的探究能力，如成才之火那样提升你的创新能力。

第四章智慧开窍的秘密，从司马光破缸救友的故事说起，激发你对"注意、观察、记忆、思维、想象、创造"这六种智力因素的解密。让你打开智慧窗户，培养注意力；擦亮智慧眼睛，提高观察力；充实智慧仓库，增强记忆力；保养智慧核心，发展思维力；插上智慧翅膀，丰富想象力；催开智慧花朵，提升创造力。

第五章心灵塑造的秘密，从少年周恩来为中华崛起而读书说起，启发你对"动机、兴趣、情感、意志、性格、品格"这六种动力因素的解密。让你点亮心灵明灯，激发动机；架起心灵天桥，培养兴趣；点燃心灵火苗，丰富情感；浇铸心灵熔炉，锤炼意志；开启心灵钥匙，完善性格；塑造心灵世界，塑造品格。

本书的第一章由崔伟撰写，第二章由滕玉英撰写，第三章由崔伟撰写，第四章由方松飞撰写，第五章由方红霞撰写，最后全书由方松飞统稿。丛书编委会的老师们为本书的撰写提供了有效资料与修改意见，在此表示感谢。本书的撰写还在探索和尝试，不当之处，敬请指教斧正，谢谢。

Contents 目录

序言　让人才脱颖而出 ……………………………………………… Ⅰ
导　读 …………………………………………………………………… Ⅲ

第一章　人才成长的秘密 ………………………………………… 1
第一节　学生发展启示 …………………………………………… 1
第二节　爱因斯坦公式 …………………………………………… 10
第三节　人才成长模型 …………………………………………… 16

第二章　文化奠基的秘密 ………………………………………… 25
第一节　夯实人文底蕴 …………………………………………… 25
第二节　追求科学精神 …………………………………………… 31
第三节　提高技术水平 …………………………………………… 37
第四节　重视工程思维 …………………………………………… 43
第五节　彰显数学价值 …………………………………………… 49

第三章　关键能力的秘密 ………………………………………… 58
第一节　发展自育能力 …………………………………………… 58
第二节　培养自学能力 …………………………………………… 63
第三节　增强实践能力 …………………………………………… 69

第四节　提高探究能力 ·· 76

第五节　提升创新能力 ·· 84

第四章　智慧开窍的秘密 ···································· 94

第一节　打开智慧窗户 ·· 94

第二节　擦亮智慧双眼 ·· 101

第三节　充实智慧仓库 ·· 109

第四节　增强智慧核心 ·· 117

第五节　插上智慧翅膀 ·· 125

第六节　催开智慧花朵 ·· 132

第五章　心灵塑造的秘密 ···································· 142

第一节　点亮心灵明灯 ·· 142

第二节　架起心灵天桥 ·· 148

第三节　点燃心灵火苗 ·· 153

第四节　浇铸心灵熔炉 ·· 159

第五节　开启心灵钥匙 ·· 164

第六节　塑造心灵世界 ·· 170

自评记录表 ·· 180

第一章 人才成长的秘密

其实,每个人都有梦想,无论是小学生、中学生、大学生,还是大师、伟人。树人学校为学生"种下和大院士一样的科学梦",《扬州时报》曾以此为题用了一个版面作了专题报道。中国"杂交水稻之父"袁隆平院士的中国梦则是"禾下乘凉梦"。他说:"我梦里杂交水稻的茎秆像高粱一样高,穗子像扫帚一样大,稻谷像葡萄一样结得一串串……"

成功的开始都是源于一个最初的梦想,有梦才有希望。我们要想成为对国家、对社会有用的人,首先要有立志成才的梦想。

第一节　学生发展启示

小故事

特 别 礼 物

新初三开学不久,张辛梓同学(图1-1-1)就收到了一件特别的"礼物":扬州市谢正义市长的一封亲笔信。那是因为他在2009年暑假参加了树人学校组织的综合实践活动,走访了历史名街东关街。没想到竟然存在"设施损坏严重、文化古迹多闭门、商铺众多人气不旺、改变了东关街原有肌理、缺少显著特色难以吸引游客、名称解读宣传力度不够"等诸多问题。出于对古城扬州的热爱,保护古城的责任感油然而生,于是他撰写了《东关街一带保护及旅游情况》的调查报告,并将其邮寄给当时的谢市长,希望上述问题能得到政府部门的重视并及时解决,让东关街变得更加美丽。谢市长用了

6页扬州市人民政府信笺纸,给张辛梓同学回信:"你们是这座古城的新人,也是这座名城的传人。我们一起努力,将这座城市建设得更加美好!"

张辛梓也因此成为"第四届中国扬州世界运河名城博览会"年龄最小的特邀嘉宾,还成为第十一期扬州《市民论谈》的特约评论员。

图 1-1-1

他在《市民论谈》上以独特的视角表达了自己对成才的看法:"成才需要两个方面的能力素养。第一个是学习能力,我们在学校里学到的知识终究是有限的,所以这个学习能力就显得十分重要。第二个是社会素养,要在社会上有很强的人际交往能力、组织能力、社会责任感,最终的目的是融入社会。"

《市民论谈》播出后,谢市长又给张辛梓同学写了第二封亲笔信:"我很高兴地听到你在论谈中清晰地表达你对学习能力、社会素养的看法,以及你母亲开明地鼓励你走出校门,走出家门,走进社会,融入实际。扬州有这么多师德师能双馨的教师,这么多开明开放的家长,以及这么多好学习又懂事的孩子,扬州的教育一定会更好!"信中,他也对扬州学子提出了三点建议:第一,既要会学习,也要会思考。"学而不思则罔,思而不学则殆"。现在的信息社会为你们提供了海量的信息,关键是学会把这些知识、信息经过消化、吸收,转化成自己的观点和看法。第二,既要注重功课学习,又要注意一些技能的培养。第三,既要重视诵读国学经典,也要重视 Speak aloud 外文名篇。希望我们的孩子,能在全球化的坐标系中找到自己的定位,做一个能够参与国际竞争、能与外国人较量的具有"世界眼光、中国灵魂、扬州特质"的优秀的扬州市民、合格的大国公民。

张辛梓同学认真践行了谢市长的期待,在成才的道路上高歌猛进、一路前行。他大学三年级的论文《用可见光调控共轭高分子纳米微粒的荧光》登上了国际权威期刊——英国皇家化学会的《化学通讯》。现在又有美国的普林斯顿大学(培养了 35 个诺贝尔奖得主)、耶鲁大学(成就了 5 个美国总统)、斯坦福大学、芝加哥大学、哥伦比亚大学这 5 所世界顶级大学发出录取通知书,欢迎他进入这些大学,完成研究生学习阶段的学习,《扬州时报》对此作了报道,如图 1-1-2 所示。

扬州时报　2017年3月17日 星期五 责任编辑:韩倩 版式:周俊亮 校对:蒋志翔　　　城事　A07

大三时化学论文就登上国际权威期刊

这位扬州学霸5所美国大学抢着要

他来分享成功经验

普林斯顿大学、耶鲁大学、斯坦福大学、芝加哥大学、哥伦比亚大学……最近,5所美国顶级大学发出录取通知书要"抢"同一名中国学生。这位牛学生就是7年前的扬州市区中考状元张辛梓。如今,已经在美国留学四年的他即将进入研究生学习阶段。近日,记者通过网络联系到这位扬州学霸。

大三论文
就登上国际权威期刊

7年前,本报记者采访中考状元张辛梓时,他家中满满一桌子的化学仪器、试剂、粉末,就曾让记者对这个小伙子刮目相看。当时刚刚初中毕业

的他,在家自己动手做化学实验,很多试验难度已超过了高中水平。

对化学的强烈兴趣一直伴随着张辛梓的专业发展之路。"到了高中,扬中化学老

师余兴庆做我的高一班主任,他推荐我参加化学竞赛。从高一下学期,我开始大量阅读国内外大学的化学教材。"张辛梓说。

在扬州中学读高三时,张辛梓申请去美国留学,三所美国大学录取他,他选择了美国办学历史仅次于哈佛大学的威廉玛丽学院就读。大二上学期,他进入了有机化学老师伊丽莎白·哈布伦教授的实验室参与研究。大二下学期,他已经可以独立开展实验研究。到了大三上学期,经过反复实验、认证成果,署名张辛梓为第一作者的科学通讯《用可见光调控共轭高分子纳米微粒的荧光》在英国皇家化学会《化

学通讯》期刊上公开发表,这份期刊在世界化学领域都具有权威性。

5所学校选哪所
考察后再定

对自己有科学的规划,使得张辛梓在学业上不断获得成功。选修什么课、如何安排课程结构、如何选择导师……每学期,张辛梓都有自己的"小目标"。此次收到5所名校的研究生通知书,张辛梓在选择上也有自己的计划。"现在倾向于普林斯顿和哥伦比亚大学,我们这个周末开始放9天的春假,期间我预约了去其中的三所观摩。希望借参观的机会更多了解这些学校的导师和在读

研究生,多收集信息,再做定夺。"

经验分享
如何写好申请书?

作为一名留学生,张辛梓申请高校的经验值得大家借鉴。他说,美国大学有一个专门的系统接受国外考生的申请材料,申请时应根据每个院校的实际情况准备文书,在时间充裕的情况下尽量写好每份申请,写出符合院校特色与要求的文书材料。千万不能大篇幅罗列自己过去取得的一系列成绩,这样只会让招生老师觉得,这个人也许很优秀,但同时是一个过分自我的人。

记者　蒋斯亮

图 1 - 1 - 2

点金石

学 生 成 才

我们能否从上述故事中感受到一些关于人才发展成长的原因及其评价标准的启示呢?我们可以用唯物辩证法的原理去看:内因是事物发展变化的根据,外因是事物变化发展的条件,外因通过内因而起作用。

1. 成才内因

正如张辛梓同学所说的:学习能力和社会素养。因为他深知学校里学到的知识终究是有限的,所以学习能力显得十分重要,才使他从中学到大学,一直是出类拔萃的,才会有 5 所世界顶级大学向他发出录取通知书,欢迎他深造。他更知道社会素养的重要性,要有很强的人际交往能力、组织能力、社会责任感,最终的目的是融入社会。

2. 成才外因

正如谢市长所期待的:师德师能双馨的教师、开明开放的家长以及尊师重教的社

会环境。张辛梓同学正是遇到了这些好老师、好家长、好学校、好环境。是好老师布置他完成一份与中考无关的社会调查报告,才有了他与谢市长通信的机会。是好母亲开明地鼓励他走出校门、走出家门、走进社会、融入实际,才能撰写出有深度的建议信和调查报告。是好学校创办了树人少科院,在寒暑假组织学生参加科技实践活动,才使他成为树人学校第一个从中科院何祚庥院士手中接过小院士证书和徽章的学生,如图1-1-3所示。是好环境才能让他有机会在中学时代就成为"第四届中国扬州世界运河名城博览会"年龄最小的特邀嘉宾。图1-1-4是他与市长合影,被刊登在《扬州网》上。

图 1-1-3

图 1-1-4

3. 人才评价

张辛梓之所以被扬州教育界公认为一个人才,不是因为他成了中考状元。因为中考状元年年有,而且中考状元与人才不能画等号。当今社会,高分低能的大有人在,许多高考状元结果平平的不在少数。从人才发展及其评价的角度看,国际公认的评价标准是其创新成果。如中国的屠呦呦之所以被国际公认为顶级的创新人才,是因为她首先发现了青蒿素而成为诺贝尔奖得主。再看张辛梓,他在中学时就有了《东关街一带保护及旅游情况》的调查报告,为东关街被评为中国历史文化名街做出了杰出的贡献。他亲手绘制的同治年间扬州交通图受到扬州市图书馆的青睐,并被扬州市图书馆所馆藏。他在大学时的研究论文《用可见光调控共轭高分子纳米微粒的荧光》登上了国际权威期刊,在英国皇家化学会的《化学通讯》上公开发表。这就是学生时代的张辛梓的人才魅力。

信息窗

书 信 往 来

□张辛梓同学给谢正义市长的一封信

尊敬的谢市长:

您好!

我是扬州中学教育集团树人学校初三(1)班的一名中学生,我叫张辛梓。我作为扬州的一个小公民,一直关注着家乡的发展与变化,尤其是对老城区的保护和利用,很感兴趣,可算是个小"扬州通"。去年东关街改造之初,我就多次前去现场参观,有一次还与当时正在视察工作的王燕文书记碰面。

今年暑假,老师布置作业要求完成一份社会调查报告,我立即就想到了东关街,便在另两位同学的协助下,完成了题为《东关街一带保护及旅游情况》的调查报告。在调查过程中,我们感受到了今天东关街作为扬州一条文化历史古街所展现出的魅力,但也发现了一些小问题。

我觉得有必要把这份调查报告寄给您看一看。现在运博会将至,为了更好地展现东关街的魅力,我谨希望报告提到的一些问题能及时得到解决或有所改观,使我们美丽的家乡焕发出更加动人的风采!

盼望您在百忙之中回复,谢谢!

致礼

张辛梓

写于 2009 年 9 月 5 日

□谢正义市长的亲笔回信　如图1-1-5所示,内容略。

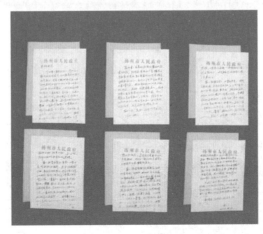

图 1-1-5

附1:张辛梓同学的《东关街一带保护及旅游情况》的调查报告

东关街作为扬州老城区的主干道,已经走过了近1 500年的历史。它的特殊地位和重要位置使得自宋代以来的众多文化古迹、名人故居散落周边,至清代末年,它已名副其实地成为一条文化古街。2008年,扬州市政府决定整修东关街。整修期间,大量民房被拆除,取而代之的是一间间仿古建筑风格的商铺。众多老字号重新入驻东关街,众多盐商住宅、文化古迹也被整理修复。2009年的"烟花三月"经贸旅游节前夕,东关街二期工程正式开工,又整理了一批文化古迹。东关街的面貌焕然一新。然而如今,暴露出了一些问题,需要引起重视。

1. 设施损坏严重

步行在东关街上,大块的方砖时时刻刻在让人们体验着文化古街的气息。但细心的人们不难发现,地面上的方砖破损相当严重。在一期工程铺设的街西首至马家巷的地砖中,560米长的路面破损的砖块就有420余块之多,破损率高达20%。这些砖块刚刚铺设一年多,就有如此惊人的损坏量,其原因归根结底是当时施工时的潦草完事和马虎大意。去年东关街施工时,我注意到,当时刚刚铺好的地砖因为地基松软和工程车辆的重压,就已经伤痕累累。今年再次动工,施工方仍然没有注意到这个问题,明令禁止机动车通行的东关街上,当时竟行驶着许多大卡车、小货车,地上的砖块纷纷碎裂,严重损坏了扬州名城的形象。此外,街上的其他设施也有不同程度的损坏,原本用来为夜晚的古街增色的霓虹灯现在有了残缺,原本让人赏心悦目的灰砖墙上也有了刺眼的小广告的痕迹。这都不同程度地给慕名而来的人们带来不好的印象。

2. 文化古迹多闭门

东关街是一条文化古街,文化古迹当然不占少数,然而调查发现除个园常年开放外,其他名宅古迹都没有开放。要么是内部整修,要么是谢绝参观,要么被占为酒店,各种各样的理由让各地游客都碰了一鼻子灰。从这头到那头,到处是文物保护单位却没有一个能进入。在随机抽取的近五十名游客中,37%都认为东关街缺少文化古迹和文化氛围。真的缺少吗?恐怕缺少的是开放的姿态。我发现许多游客想知道一座座高墙后面到底是什么,但现实一次又一次让他们失望。

3. 商铺众多人气不旺

东关街的另一个亮点便是众多的老字号商店。在已经完工的东关街一期工程街面上,两边不乏像小觉林、四美、绿杨春、谢馥春这类的老牌著名店铺。可在这些店铺里,我并没有看到应如夏日骄阳的火热,反倒是冷冷清清,难得进门的游客也多是空手而出,店员闲得打瞌睡……我发现,购买商品的有很大一部分是本地人,他们了解这些店铺,他们知道这些店铺的特色,也是它们的老主顾。外地的游客把这里看成了"黑幕重重"的旅游购物市场,可悲,不知为什么他们对这些为扬州人所信任、所熟悉的品牌望而却步,生怕被骗。东关街上唯一的宾馆长乐客栈中,我了解到,七八月份,他们的客房入住率只有 20%～30%。可以看出,东关街的旅游市场还不成熟,东关街的丰富资源还没有被利用。

4. 改变了东关街原有机理

长乐客栈是一座"园林式酒店",坐落于东关街西段个园斜对面。东关街上原有两条重要的街巷——问井巷和五福巷,它们沟通着东关街和东圈门以及中间的斗鸡场一带,如今它们都变成了长乐客栈的工作通道,这等同于消失。长乐客栈是由李长乐故居、华氏园、壶园和逸圃构成的,四座清代的私家园林,四家市级文物保护单位,一间间老屋在被整修扩建后竟成了宾馆。一名游客在接受询问时的一句话也引起了我的注意,他说东关街缺少"原住民"。是的,过去的东关街两旁老民居遍地都是,如今主干道两旁布满商铺,百户民居荡然无存。不谈文物保护单位内的违章建筑民居,其他众多的老百姓也为建设"商业化"东关街让了路,支道里的民居也粉饰成了"统一色调",难怪这位游客会说街上缺少"原住民"。

5. 缺少显著特色难以吸引游客

东关街的特色是很多的,不论是文化还是商业,都是扬城首屈一指的,然而特色过于繁多也让游客无从深入了解东关街的具体情况,只是漫无目的地闲逛。在街头调查中,我发现,许多游客来东关街都没有明确的目的,而大多数游客都笼统地说他们关注文化或特产,只有两三位游客说他们来买某种商品或来游览个园。但是从调查中也能看出,东关街应该走的还是文化发展一条路,因为人们大多是冲着文化资源的丰富来的,只有抓住这一点,东关街市场将来才会更加红火。

6. 名称解读宣传力度不够

我留意观察了一下各个文化古迹前"名城解读"牌的受关注情况,20 分钟之内,只有两三个人驻足认真阅读牌上的内容,有的人只是看了一眼,绝大部分人都是视而不见,似乎毫无兴趣。相关部门设立了这样一个让人们更好地了解扬州的平台,关注的人却很少,说明宣传力度依然不够。从个园走出的旅游团一般都会带游客游览东关街,可是大多数游客都是走马观花。可见如果要真正拉动东关街的旅游市场,就要加大宣传力度,让更多的人了解东关街,让他们来到东关街。

古老的东关街在历史的长河中显得朴实、厚重,雨后的东关街在朝阳里又透出清新和亮丽。东关街历尽沧桑,在新的世纪焕发了青春活力,不可否认,一年多以来,东关街改造对扬州文化旅游市场的影响是巨大的,它也成了扬州市民的又一休闲胜地。在我看来,东关街将来的路还很长,游客评价总体满意度为中等的还很多。古老的东关街正在重新起步,跟着时代的步伐向未来迈进。希望以上的几个问题能得到有关部门的重视并及时解决,让东关街变得更加美丽。

感谢赵俊波、王潇羽二位同学的协助调查。

附2：谢正义市长批复

1. 请教育局余如进局长转达我对张辛梓同学的感谢，感谢他在认真调研基础上对扬州城市建设、文化保护所提的意见和建议，他是一个好学生，也是我们的好市民。

2. 请建设局王骏局长牵头相关部门对张辛梓同学调研报告中所提意见逐条分析研究，并对所提建议逐条回复。

3. 请何秘书长去安排三张运博会活动的票，邀请张辛梓等三位同学参加。

4. 报请袁部长、董市长阅示。

2009年9月24日

附3：亲手绘制图同治年间扬州交通图

为了看到同治年间的扬州交通图，张辛梓可是费了一番周折。少儿部，没有；成人部，没有；古籍部，需要身份审核。张辛梓和图书馆"周旋"了很久，古籍部负责人最终同意带其取阅。据了解，该图从进馆至今，加上张辛梓，共有两人查阅；前一次查阅，是专家作研究之用。张辛梓想把该图扫描，馆里说牵涉到版权问题，不行。于是他趴在古籍部看了一天，发现水平不够，不能临摹。接下来的两天，他带了描图纸，算好比例尺，在古籍部开始描图。描了10个小时，把4米长的同治年间扬州交通图一笔一画地"复制"在一张90厘米长的纸上。完成的时候，他的眼都花了。如今，这张手绘图放在扬州市图书馆，供人借阅、研究，如图1-1-6所示。

图1-1-6

解密室

抓住机遇

从张辛梓的成才故事中，我们不难看出学生成才的三大原因：

一是自身努力，这是内因。用张辛梓的话来说，就是学习能力和社会素养。因为一个人在校学习的时间不足其一生的四分之一，学习能力才能使自己无师自通。而社会素养必须通过自己接触社会、大胆实践，才能获得。

二是好的环境，这是外因。张辛梓正是遇到了师德师能双馨的好老师，开明开放的好母亲，以及像谢市长那样尊师重教的好领导。

三是抓住机遇,这是外因通过内因而起作用。好老师布置他完成一份与中考无关的社会调查报告,好母亲开明地鼓励他走出校门、走出家门、走进社会。通过其学习能力和社会素养的作用,才能撰写出让市长为之动容的建议信和调查报告,才有了谢市长给回信的机会,才有了他融入社会、撰写出高质量的论文,在国际顶级刊物发表,被国际顶级大学的研究生院录取的一系列机遇。

小 试 牛 刀

请你根据自己的成长历程和成才理想,结合上述张辛梓的成才故事,撰写一篇"我的学习榜样"千字文,让你的父母对其作出"合格、优秀、点赞"的评价,并将评价等级记录在书末的表格中,养成自我评价的好习惯。预祝你像张辛梓同学那样,心系祖国,一路小跑,奔向你千字文中预设好的成才目标。

第二节 爱因斯坦公式

小故事

爱因斯坦

上一节,我们讲了张辛梓同学的成才故事,并要求你根据自己的成长历程和成才理想写一篇千字文。也许你会这样认为:张辛梓是个多么优秀的人,我怎好与他相比呢?看我这么笨,昨天学的东西今天就记不起来了,怎么可能成才呢?我根本不是个成才的料啊!

你这种想法要不得哟。笔者就给你讲述一个老师、校长都认为他很笨的人的成才故事,你要听吗?

这个人就是大名鼎鼎的爱因斯坦,如图1-2-1所示。这个当年被校长认为"干什么都不会有作为"的笨学生,经过艰苦的努力,成了现代物理学的创始人和奠基人、杰出的物理学家,你相信吗?

1879年3月14日,爱因斯坦降生在德国的一个叫乌尔姆的小城。看着他那可爱的模样,父母对他寄托了全部的期冀。然而没过多久,父母就开始失望了:人家的孩子都开始学说话了,已经三岁的爱因斯坦才"咿呀"学语……看着举止迟钝的爱因斯坦,父母开始忧虑,担心他的智能是否会不及常人。直到10岁时,父母才把他送去上学。

图1-2-1

可是,在学校里,爱因斯坦受到了老师和同学的嘲笑,大家都称他为"笨家伙"。爱因斯坦由于反应迟钝,经常被教师呵斥、罚站。有的老师甚至指着他的鼻子骂:"这鬼东西真笨,什么课程也跟不上!"

在讥讽和侮辱中,爱因斯坦慢慢地长大了,升入了慕尼黑的路易特波尔德中学。在中学里,他喜爱上了数学课,却对其余那些脱离实际和生活的课不感兴趣。孤独的他开始在书籍中寻找寄托,寻找精神力量。就这样,爱因斯坦在书中结识了阿基米德、牛顿、笛卡儿、歌德、莫扎特……书籍和知识为他开拓了一个更广阔的空间。视野开阔了,爱因斯坦头脑里思考的问题也就多了。

16岁的一天,爱因斯坦产生了一个想法,对经常辅导他数学的舅舅说:如果一个人以光的速度运动,他将看到一幅什么样的世界景象呢? 他将看不到前进的光,只能看到在空间里振荡着却停滞不前的电磁场。这种事可能发生吗? 舅舅用异样的目光盯着他许久,目光中既有赞许,又有担忧。因为他知道,爱因斯坦提出的这个问题非同一般,将会引起出人意料的震动。

爱因斯坦被这个问题苦苦折磨了10年,在他26岁时写出了9 000字的论文,即《论动体的电动力学》,这就是狭义相对论的产生。这是物理学史上的一次决定性的、伟大的宣言,是物理学向前迈进的又一里程碑。尽管还有许多人对此表示反对,甚至还有人在报上发表批评文章,但是,爱因斯坦毕竟还是得到了社会和学术界的重视。在短短的时间里,竟然有15所大学给他授予了博士证书,法国、德国、美国、波兰等许多国家的著名大学也想聘请他做教授。当年被人们称为"笨蛋""笨东西",被认为无法成才的爱因斯坦,成了全世界公认的、当代最杰出的聪明人物。

由此可见,一个人不聪明并不可怕,可怕的是自己不争气。只要你肯为自己的目标付出艰辛的劳动,并配合正确的方法,就一定会得到成功女神的酬劳。

许多在事业上有成就的人,在童年时代、少年时代并不一定能显出锋芒毕露的优势。除了爱因斯坦外,还有人们非常熟悉的发明大王爱迪生。他上学仅三个月就被老师以"笨"的名义撵出学校。但他奋发图强,阅读了莎士比亚、狄更斯等大量的著作和许多重要的历史书籍,并被书中洋溢的真知灼见所吸引,一生受到影响。他做出了对世界有极大影响的留声机、电影摄影机、电灯等共两千多项发明,拥有的专利就有一千多项,成了发明大王,至今无人超越。

如果一个人因为老师说他"笨"或自己感觉"笨",就灰心丧气,不再努力,那不是将自己潜在的才华、能力都扼杀在摇篮中了吗? 其实,每一个人都有不同的才能,每一个人在生命的长河中都会找到属于自己的星座。如果你觉得自己笨,那是因为你还没有寻找到你自己的星座。正如爱因斯坦对别的事物迟钝,却对物理和数学特别喜爱一样,当你找到自己的星座时,你定会放射出与众不同的光彩。

 点金石

成 功 秘 诀

爱因斯坦成名后,有个年轻人缠住他,要他说出成功的秘诀,他信笔写下了一个公式:$A=X+Y+Z$,并解释道:A表示成功,X表示勤奋,Y表示正确的方法,Z则表示少说空话。许多年来,爱因斯坦的这个神奇的成功等式一直被人们所传颂。从爱因斯坦的奋斗历程中,我们不难看出,正是勤奋、正确的方法和少说空话,使爱因斯坦由笨头笨脑的孩子变为影响世界的科学巨人。

我们把上述公式移植到中学生的学习成才上,也可以同样感悟出这样的道理:A 表示成才,X 表示智力的开发,Y 表示正确的方法,Z 则表示动力的激发。

众所周知:学生的成才,是以深厚的知识技能为基础,通过勤奋努力和强烈追求才能如愿以偿的。人才的成长过程则反映着人的智力潜能的开发过程、正确方法的把握过程和动力因素的激发过程。

1. 智力潜能的开发

人才是人自身发展的结果,它必须以厚实的文化积淀为基础,以一定的智力发展为前提,通过一定方法的智力训练,即通过对人的注意力、观察力、记忆力、思维力和想象力的训练,把自身的智力潜能充分地开发出来,这就是爱因斯坦公式中的 X。心理学的研究表明:人的潜能是巨大的,有待开发和利用。

人的潜能包括智力的、体能的,也包括道德的成熟、情感的表达、社交的能力。尤其是人的智力潜能,更是取之不尽用之不竭的。有人对人脑的解剖结构特点以及脑细胞的数目功能进行研究,发现人脑隐藏着巨大的潜能。大脑被称为"人类肌体的宇宙",所包含的思维能量与原子核所包含的物理能量相当。也有人估计,人类平时只发挥了极小部分的大脑功能。如果人类能够发挥大脑一半的功能,就会轻易地学会 40 种语言、背诵整本的百科全书、拿到 12 个博士学位。因此,大脑又被称为"睡在心灵中的智力巨人",是一座"有待开发的智力宝库"。马克思能够阅读欧洲所有国家的文字;恩格斯会说 20 种语言;爱迪生能有 2 000 多项发明;茅盾能背熟整本的《红楼梦》;史丰收心算位数连加减乘除,比计算机还快;叶永烈发表了 1 000 多万字共 130 多部著作,能本本让人喜爱。是否每个人都有更多的发挥潜能的可能?我们并不否认先天遗传因素的作用,但更重要的是后天因素的开发。

智力潜能能否得到更多的发挥,取决于一个人成长过程中所处的条件,所遇到的老师,特别是你自身的努力情况。只要你有心去开发,你的智力潜能会最大限度地发挥出来。具体的训练方法见本书的第四章《智慧开巧的秘密》。

2. 正确方法的把握

厚实的文化积淀来自何方?毫无疑问,来自于正确方法的把握。其坚实的基础是建立在你勤奋学习之上的,从中掌握一整套科学的学习方法,正确把握好学习中的计划、预习、听课、复习、作业、检测、小结这七个环节,从而使你会学、乐学,这就是爱因斯坦公式中的 Y。科学测试证明:95% 的人智商介乎于 70 至 130 之标准范围,只有 2.5% 的人智商低于 70。因此,智力绝不是成绩的决定因素,关键还是在于学习方法,

"差生"差就差在学习方法上。不同的学习阶段、学习环节需要不同的学习方法,不同的学科、不同的知识类型也需要不同的学习方法。只要方法好,绝大多数学生都能够取得优异成绩。

但遗憾的是,很少有老师教过学生如何才能有效学习。对于所有的学生而言,课堂学习的时间是共有的,书本上的知识内容是相同的。仅仅把握住这段时间和水准是远远不够的,必须掌握科学、实用、高效的学习方法,只有这样才能超越他人,走在前列。

法国著名的哲学家笛卡儿(图 1-2-2)曾经说过:我可以毫不踌躇地说,我觉得我有很大的幸运,从青年时代以来,就发现了某些途径,引导我作一些思考,获得一些公理,我从这些思考和公理中形成了一种方法,凭借这一方法,我觉得自己有了依靠,可以逐步增进我的知识,并且一点点地把它提高到我的平庸的才智和短促的生命所能允许达到的最高点。笛卡儿的体会是深刻的,正确的方法对他的一生起到了难以估量的作用。试想一下,如果没有正确方法的把握,他能达到事业的最高点而成为举世公认的大哲学家吗?

图 1-2-2

3. 动力因素的激发

勤奋学习的动力何在?它来自于你对成才的强烈追求。在任何活动中,欲望是动力,个性是保证。正是这些欲望和保证,成就了人才成长的动因,这就是爱因斯坦公式中的 Z。

当代脑科学的研究早已表明:除了智力特别超群的所谓"天才"和有智力缺陷的"弱智"外,绝大多数人(占比高达 95%)在智力水平上没有多大的差异,我们将这类人称为正常人。对于一切智力正常的人来说,决定其创造性水平高低的,往往不是智力因素,而是激发人潜能的动力因素,它能使人的智力能动地提高到最佳水平。有这样的一句名言:"有志者,事竟成,卧薪尝胆,三千越甲可吞吴",说的就是这个意思。

据说唐宋八大家之一的苏洵,如图 1-2-3 所示,在年轻时,读书不努力,糊里糊涂地混日子,常和一帮"狐朋狗友"赛马、游山玩水。直到 27 岁那年的一天,苏洵像往常一样随手翻阅书籍,无意中发现谢安一篇关于古人爱惜时间、刻苦攻读的故事。他认真地读了一遍,感到这个故事很生动,又读了一遍,感到更加有意义,于是他反复读了好几遍,每遍都有新收获。他觉得这故事好像是专门为自己写的一样,不由得心中发出感慨:时光无情地飞逝,自己已快到而立之年了,自己虽然写过一些文章,却都是些平庸之作,没有什么大的建树。现在不努力,还要等到什么

图 1-2-3

时候啊？从此，苏洵开始发愤苦读。学了一年多，自以为差不多了，就去考进士，结果没有考中。他认识到，学习并不容易，要得到成果非下苦功不可。从此，他谢绝宾客，闭门攻读，夜以继日，手不释卷。经过二十多年的努力奋斗，阅读了大量的书籍。终于文才大进，下笔如有神，顷刻数千言，成了大学问家。

信息窗

大脑奥秘

据国外媒体报道，举世闻名的科学家爱因斯坦1955年逝世后，他的大脑被人取出，之后便下落不明。爱因斯坦大脑的下落，以及这颗堪称史上最聪明的大脑到底有何过人之处，成为20世纪最传奇的谜团之一。50年后，当初被指控窃取爱因斯坦大脑的美国病理学家托马斯·哈维首次接受专访，彻底曝光整个事件的绝对内幕。最令人震惊的是，为了方便研究，哈维竟将爱因斯坦的大脑切成了240片。美国政府其实早已得知爱因斯坦的大脑成了哈维的"私有财产"，只是没有要求哈维把大脑交出来。当哈维把大脑从实验室中取出，准备横贯美国时，负责保护大脑的美国联邦调查局大吃一惊，连忙派人秘密跟踪。哈维不知道，他从东到西走了4 000千米，联邦调查局特工竟也跟踪了他4 000千米。

根据哈维的记录，爱因斯坦的大脑重1 230克，低于男人的平均值，并不出众，如图1-2-4所示。而数学王子高斯的脑子就比较符合我们对天才的期望，重1 492克，比平均值稍高。直到1985年，第一篇关于爱因斯坦大脑的研究报告才问世，这份报告是由美国加州大学伯克利分校的神经科学家戴蒙教授领衔完成的。她的团队检验了四块爱因斯坦大脑的皮质，分别代表左右前额叶上段与顶叶下段，同时以另外11人做对照。

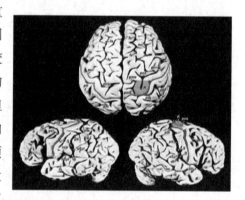

图1-2-4

近期，科学家们又在爱因斯坦大脑中发现了更多的特异性。美国佛罗里达州立大学科学家迪安·法尔克对爱因斯坦大脑的照片，尤其是大脑顶叶进行了深入研究。法尔克宣称，他在一些较为宽大的顶叶上发现了许多突起的山脊状和凹槽图案。法尔克认为，这种极为罕见的图案可能就是爱因斯坦在研究物理学过程中能够进行形象化思维的主要因素。法尔克的另一项特异性发现就是在爱因斯坦大脑的运动皮质中发现了一个球形突起物。法尔克解释了这一球形突起物的意义:在其他研究中,也会发现相似的球形突起物,通常这种球形突起物被认为与音乐天赋有关。大家可能都了解,自从童年时期起,爱因斯坦就非常喜爱拉小提琴。

因此,科学家们认为,爱因斯坦之所以会成为科学天才,这与他的大脑结构特异性密切相关,结构特异性或许是比大脑尺寸大小更为重要的因素。当然,人类大脑是一个复杂的器官,至今仍然有许多神秘的结构或原理有待科学家们去发现。对爱因斯坦大脑结构的研究,或许有助于人类进一步研究大脑的原理。

解密室

关键年份

从爱因斯坦成才的故事中也不难看出其中的奥秘:他成才的关键年份。

一是 1895 年,16 岁的爱因斯坦就有了追光实验的设想,为相对论的发现奠定了思想基础。二是 1905 年,年仅 26 岁的他陆续完成了足以震惊世界的 4 篇论文。①3 月份提交、6 月份发表了《光量子说》,即解释光电效应的论文,他也因此而获得诺贝尔奖;②7 月份发表的用分子运动论解释布朗运动的论文,提出分子运动的数学理论,给分子存在提供了补充证明;③9 月份发表了《论运动物体

图 1-2-5

的电动力学》,这就是大名鼎鼎的狭义相对论。在这篇论文中,爱因斯坦利用了电磁研究方面所发现的那些概念来修正牛顿力学,使其与宏观的和微观的高速条件相适应。④9 月份提交、11 月份发表了能改变世界面貌的有关公式 $E=mc^2$ 的论文,这个公式表明能量与质量只是同一事物的两个不同的侧面,一切质量都是能量,一切能量都是质量。

这 4 篇中论文中的任何一篇都给世界产生了深远影响,都足以使他享有伟大理论物理学家的盛名。而爱因斯坦的上述成果正是他在中学和大学(16 岁至 26 岁)的这十年中完成的,这段时间是一个人成才的黄金时段。

演练场

小 试 牛 刀

请你根据爱因斯坦公式,分析自身的 X、Y、Z,撰写一篇"我的成才梦想"千字文。让你的父母给其作出"合格、优秀、点赞"的评价。

第三节　人才成长模型

小故事

为 国 而 强

古往今来,凡成就事业,对人类有所作为的,无不是脚踏实地艰苦攀登的结果。钱三强(图 1-3-1)就是其中的佼佼者。他是核物理学家、中国科学院院士、中国科协名誉主席、中国物理学会理事长。他为我国原子弹和氢弹的研制成功做出了杰出的贡献,成为"两弹一星"功勋奖章的获得者。

钱三强在 7 岁时就远离父母,来到蔡元培先生创办的北京大学子弟学校接受教育。他在这所起始教育良好、提倡科学民主的学校中健康成长。父母给他准备了许多精

图 1-3-1

神食粮,订阅了《小朋友》《儿童世界》等课外读本,购买了《三国演义》《水浒传》《西游记》等经典名著。这些作品不但使钱三强开阔了视野,而且也大大丰富了他的课余生活。他在知识的宝库里不断吸取着营养,学习成了他最高兴的事。当他读到孙中山先生的《建国方略》一书时,立刻被书中的美好情境深深地迷住了。孙中山先生给中国社会描绘的未来生活蓝图使他兴奋不已,他下决心自己长大后要为国家的繁荣富强贡献自己的力量。那时,原子核科学是一门新兴的科学,对大多数人来说陌生而又神秘。好奇的他对这方面有着更为浓厚的兴趣,核科学的强大吸引力终于使他考入了清华大学物理系。当钱三强得知诺贝尔奖的获得者是居里夫妇的消息时,他深深觉得选择原子核科学这门学科作为自己主攻的方向是正确的,是有远大前途的,从而更加坚定了他攀登科学高峰的信心和决心。他对居里夫妇非常崇拜,他也要有所作为。

钱三强从清华大学毕业后,又得到当时北平研究院物理研究所严济慈所长的器重,从事分子光谱方面的研究。在严济慈的精心培养与指导下,他获得了去法国巴黎大学居里实验室留学的资格。这是个千载难逢的好机会,因为他将幸运地得到居里夫妇的指导和帮助。他的父亲嘱咐他:"你这次出国是为了要学到更多的知识,求得本领为国家所用,为人民所用,要报效祖国,为人民谋福。人生之路长着哩!男儿之志在四方,不能只考虑小家,只顾近忧而忘了国家、民族啊!"钱三强点点头,来到了人地生疏的法国巴黎,开始了在居里夫妇指导下的科学研究之路。在此期间,他与别人合作,首次测出镁的 α 射线的精确结果。他还领导了一个由其夫人何泽慧和两名法国青年组成的科研小组,主要从事铀原子核裂变研究的实验。通过无数次的实验和反复观察,他们终于从中发现铀核裂变时不仅分裂成两块碎片,而且会分裂成多块碎片。这为进一步研究核裂变现象、更好地开发和利用核能打下了重要的基础。

居里夫妇对钱三强的工作非常满意,对这一研究成果给予了充分的肯定,认为这是核能研究史上所取得的一项非常了不起的研究成果。据《两弹一星元勋传》一书记载,居里夫妇对钱三强的才华和品德是这样评价的:我们可以毫不夸张地说,在那些到我们实验室并由我们指导工作的同一代科学家当中,他最为优异。我们曾多次委托他领导多名研究人员担任艰难的任务,他完成得非常出色,从而赢得了其他学生们的尊敬与爱戴。钱先生还是位优秀的组织工作者,在精神、科学与技术方面,他具备研究机构领导者所应有的各种品德。

他在法国取得了巨大的科研成果,知名导师也高度评价了他,在常人看来,钱三强夫妇长期留在法国工作是再好不过的选择了。可意想不到的是,钱三强夫妇内心有着强烈的爱国热情和归国愿望。他们说:回到祖国去,为祖国服务才是人生目的! 回国前,钱三强又对挽留他的导师恳切地说:"科学虽然没有国界,但是,我是炎黄子孙的后代,我的祖国正处在水深火热之中,我们有责任去拯救她,改变她。祖国再穷也是自己

的。而正是祖国的贫弱不振,才需要我们去振兴,使她走向繁荣富强!"

1948年,钱三强惜别了亲密无间的导师,回到了即将迎来黎明的祖国。新中国成立仅一个月,中国科学院和近代物理研究所成立了,他任副所长,一年后任所长。研究所开始进行实验原子核物理、放射化学和电子学等方面的科研工作。20世纪50年代,他领导建成了我国第一个重水型原子反应堆和第一台回旋加速器,为我国成功研制原子弹做了大量的基础性关键工作。20世纪60年代,他组织中子物理理论与实践两个研究组,开展了氢弹的预研工作,为我国成功研制氢弹作了理论准备。钱三强为祖国而强,为祖国而奉献了一生,实现了他自己的心愿。

点金石

模型建构

在钱三强的故事中,我们可以找到与学生发展核心素养密切相关的关键词:①文化基础,②自主发展,③科学精神,④学会学习,⑤社会参与,⑥责任担当,⑦国家认同,⑧健全人格,⑨技术应用,⑩实践创新。我们是否可以从这些关键词中为中学生建构一个成才模型呢?

1. 人才价值定位

当今社会发展需要量最大的热门人才是科技创新人才,这已成为国际共识。对科技创新人才早期培养的任务又义不容辞地落实到对学生核心素养的教育与培养上。这里的"人才发展"定义为科技创新型早期人才的发展,其关键能力是创造力。创造力是科技创新人才产生新思想、发现新问题、创造新事物的核心能力,是融文化、学力、智力、潜力、品格等核心素养优化而成的综合体。只有这样的人才定位,才能与国家创新驱动发展战略中造就一批世界水平的科学家、科技领军人才、工程师和高水平创新团队相对应。本书对人才的定位正是科技创新人才。

(1) 文化素养的价值定位:文化是人存在的根和魂,重在人文、科学等各领域的知识和技能;也是人类优秀的智慧成果、涵养精神。我们将其定位于"人文、科学、技术、工程、数学"这五个核心素养。科学家"锲而不舍、追求真理、奉献情怀"等是人文素养的核心;"概念、规律、原理、定则"等是科学素养的核心;"实验技能、学具制作、互联网、信息技术"等是技术素养的核心;"方案设计、研究成果、创造发明和创客创意"等是工程素养的核心;"物理公式、函数方程、逻辑推理和图像图表"等是数学素养的核心。

(2) 学力素养的价值定位:学力是学习能力和知识水平的简称。科技创新人才早期培养的知识水平以及在接受知识、理解知识和运用知识方面的能力水平,可定位为"自学、实践、探究、综合、创新"这五个核心素养,需要培养。自学能力是衡量一个人可持续发展的重要素养,是学生终生发展的第一需求。实践能力是学生设计方案、解决问题而必备的能力,是学生将来立足社会的长久之计。探究能力是还原物理学家发现规律过程所必须具备的能力,是学生进行研究性学习的重要方式。创新能力是学生对已有知识进行拓展,形成新方案、新工艺、新成果的能力,是学生攀登科学高峰的洪荒神器。

(3)智力素养的价值定位:智力是人们在对事物的认识过程中所表现出的精神能力,它是学生用智慧的方式来解决问题的能力反映。我们将它定位于"观察、记忆、思维、想象、创造"这五个核心素养,需要开发。观察力是学生通过观察而发现新奇事物的能力,它是学生智慧的眼睛。记忆力是学生识记、保持、再认和重现客观事物所反映的内容和经验的能力,它是学生智慧的仓库。思维力是学生对客观事物间接的、概括的反映能力,它是学生智慧的核心。想象力是学生在已有形象的基础上,在头脑中创造出新形象的能力,它是学生智慧的翅膀。创造力是学生产生新思想,发现和创造新事物的能力,它是学生智慧的结晶。

(4)潜力素养的价值定位:潜力是影响学生智力活动和智力发展的潜在能力,它是学生优秀品格的潜能反映。我们将它定位于"动机、兴趣、情感、意志、毅力"这五个潜能要素,需要教师的不断激发。其中的求知欲(动机)是学生天生以来就有的一种学习欲望,但需要激励才能变为强大的学习动力。兴趣则是最好的老师,通过激发可以成为最大的精神动力。情感是调节剂,它使学生的行为有可能达到自动化的境界,乃至主宰自己的人生。意志是在自我肯定和充分估计的基础上,相信自己力量的一种心理状态,它是学生成才的精神支柱。毅力是学生为达到预定的目标而自觉克服困难、努力实现的一种心理忍耐和持久能力,是创新人才克敌制胜的法宝。

(5)品格素养的价值定位:品格是一个人的基本素质,它决定了科技创新人才回应人生处境的基本模式。本书将品格教育定位为集"知识、方法、思想、观念、精神"于一体的教育。这五种教育相辅相成,汇成整体,不能分离,构筑起完整的育才结构,共同塑造人才发展的必备品格。它犹如一棵大树,在园丁的呵护下,逐渐散叶、开枝、立干、生根、结果。叶是知识,枝是方法,干是思想,根是观念,果是精神,汇成一体,就成了品格。

2. 发展模型建构

由于当今社会发展对人才需要可分为"技术工人、能工巧匠、科技人员、创新人才和领军人物"这五大类,这五类人才的需要量是呈金字塔形分布的,所以物理教育对学生发展核心素养的培养也应该与社会发展对科技人才的层次需要相适应,由此可建构起人才发展模型。我们将上述价值定位的五个核心素养(文化、学力、智力、潜力、品格)建构为科技创新人才的金字塔模型。其中文化素养是基础,位于塔底,将人才发展的必备品格和关键能力设计为品格、智力、潜力、学力这四个结构,成为金字塔模型的四个侧面。

(1)塔底结构分布:将文化素养定位在塔底,表明它是人才发展的基础,如图1-3-2所示。它包括科学、技术、工程、数学和人文这五个要素。其中的"科学、技术、工程、数学"已成为美国的总统工程,被称之为"STEM"教育。它是面向有天赋、有才能以及对STEM领域有浓厚兴趣和专长的学生的精英教育。例如树人学校是江苏省首批STEM教育的试点学校。人文是与科学、技术、工程、数学相融的融合剂,位于结构的中央。树人学校的做法是将学生知识结构中的科学、数学、人文的优化具体落实在学科课程的教学中,对技术和工程的优化具体落实在校本课程的综合实践中。

图1-3-2

(2)侧面层级设计:该塔为四棱锥结构,从底到顶依次为1、2、3、4、5这五层设计,如图1-3-3所示。层级越高,社会发展需要的人才量就越少。层1为企业发展需要量最大的技术工人设计,物理教育必须确保每个学生的学业考核都要在合格以上。层2为企业发展需要量较大的能工巧匠设计,它要求学生在保证层1考核为优秀或良好的前提下,层2的学业考核为优秀或良好。层3为社会发展需要的科技人员设计,它要求学生在保证层1和层2考核为优秀或良好的前提下,层3的

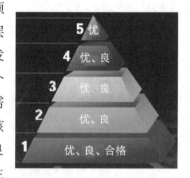

图1-3-3

学业考核为优秀或良好。层4为社会发展最需要的科技创新人才设计,它要求学生在保证层1、层2和层3考核为优秀或良好的前提下,层4的学业考核为优秀或良好。层5为社会发展而求才若渴的各级各类的科技界领军人物设计,它要求学生在保证层1、层2、层3和层4的考核都为优秀或良好的前提下,层5的学业考核必须为优秀。

(3)侧面结构分布:该金字塔模型的四个侧面分别代表关键能力和人才品格的四个定位,如图1-3-4所示。①能力结构分布:由底到顶五层分别为"自育、自学、实践、探究、创新",其结构分布如图A所示。自育能力是科技创新人才的基本能力,位于结构的底部。自学能力、实践能力、探究能力是科技创新人才的重要能力,位于结构的中部,其中的实践能力是这三个能力的核心,位于中心位置。创新能力则是科技创新人才的关键能力,位于结构的顶部。②智力结构分布:由底到顶五层分别为"注意、观察、思维、记忆、想象",其结构分布如图B所示。注意力是科技创新人才的基本能力,位于结构的底部。观察力、思维力、记忆力是科技创新人才的重要能力,位于结构

的中部,其中的思维能力是这三个能力的核心,位于中心位置。想象力则是科技创新人才的灵感相关的能力,位于结构的顶部。③动力结构分布:由底到顶五层分别为"动机、兴趣、情感、意志、性格",其结构分布如图C所示。动机是求知欲的保障,是科技创新人才的内驱力,是基础,位于结构的底部。兴趣、情感、意志是重要的潜力要素,需要挖掘才能变为动力,位于结构的中部,其中的情感是这三个潜力的核心,它能增强人的自信心,位于中心位置。性格则是人才培养成败的决定性因素,位于结构的顶部。④品格结构分布:由底到顶五层分别为"知识、方法、思想、观念、精神",其结构分布如图D所示。一个人的品格是否高雅,首先得看他的知识修养,这是立身之本,所以位于结构的底部。一个人的品格是否高尚,得看他的处事方法、思想观念,这是立德之本,所以位于结构的中部。其中的思想能反映一个人的品位,如中国人崇拜毛泽东,源自于他的思想,即毛泽东思想。所以将思想位于结构的中心位置。精神的修炼是人生最有意义的一件事,也是天底下最难做的一件事,更是科技创新人才最高贵的品格,将其置于结构的塔顶位置。

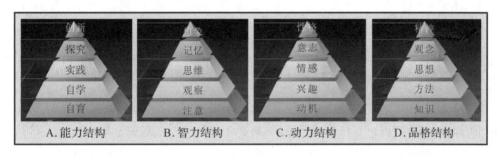

图 1-3-4

素养框架

中国学生发展核心素养框架分为"文化基础、自主发展、社会参与"三个方面,如图1-3-5所示。综合表现为"人文底蕴、科学精神、学会学习、健康生活、责任担当、实践创新"六大素养,具体可细化为"国家认同"等十八个基本要点。根据这一总体框架,我们可针对学生年龄特点进一步提出各阶段学生的具体表现要求。

1. 文化基础

文化是人存在的根和魂。文化基础重在强调能习得人文、科学等各领域的知识和技能,掌握和运用人类优秀智慧成果,涵养内在精神,追求真善美的统一,发展成为有宽厚文化基础、有更高精神追求的人。

图1-3-5

（1）人文底蕴:主要是学生在学习、理解、运用人文领域知识和技能等方面所形成的基本能力、情感态度和价值取向。具体包括人文积淀、人文情怀和审美情趣等基本要点。

（2）科学精神:主要是学生在学习、理解、运用科学知识和技能等方面所形成的价值标准、思维方式和行为表现。具体包括理性思维、批判质疑和勇于探究等基本要点。

2. 自主发展

自主性是人作为主体的根本属性。自主发展重在强调能有效管理自己的学习和生活,认识和发现自我价值,发掘自身潜力,有效应对复杂多变的环境,发展成为有明确人生方向、有生活品质的人。

（1）学会学习:主要是学生在学习意识形成、学习方式方法选择、学习进程评估调控等方面的综合表现。具体包括乐学善学、勤于反思和信息意识等基本要点。

（2）健康生活:主要是学生在认识自我、发展身心、规划人生等方面的综合表现。具体包括珍爱生命、健全人格和自我管理等基本要点。

3. 社会参与

社会性是人的本质属性。社会参与重在强调能处理好自我与社会的关系,养成现代公民所必须遵守和履行的道德准则和行为规范,增强社会责任感,提升创新精神和实践能力,促进个人价值实现,发展成为有理想信念、敢于担当的人,推动社会发展进步。

（1）责任担当:主要是学生在处理与社会、国家、国际等关系方面时所形成的情感态度、价值取向和行为方式。具体包括社会责任、国家认同和国际理解等基本要点。

（2）实践创新:主要是学生在日常活动、问题解决、适应挑战等方面所形成的实践能力、创新意识和行为表现。具体包括劳动意识、问题解决和技术应用等基本要点。

解密室

璀 璨 一 生

从钱三强成才的故事中,我们可以看出其中的奥秘是他的报国之志及其成才发展的金字塔模型。他的文化基础、能力、智力、动力、品格都是我们学习的榜样。

钱三强留学法国,拜居里夫人为师,1946 年的年底荣获法国科学院亨利·德巴微物理学奖。1947 年升任法国国家科学研究中心研究员、研究导师,并获法兰西荣誉军团军官勋章。正当他事业蒸蒸日上之时,他为了报效祖国,于 1948 年毅然回国,将毕生精力奉献给祖国。

从新中国成立起,钱三强便全身心地投入了原子能事业,成为规划的制定人。钱三强参加了原子反应堆的建设,并汇聚了一大批核科学家,他还将邓稼先等优秀人才推荐到研制核武器的队伍中。在他 51 岁生日之际,研制出的中国第一颗原子弹爆炸成功。1967 年氢弹又爆炸成功,他被西方媒体誉为中国的核弹之父。他激励着一大批年轻人自觉自愿地把自己的青春才华默默无闻地奉献给国家和人民期盼的事业。

演练场

小 试 牛 刀

请你结合钱三强的优秀品格、中学生的成才模型和学生发展核心素养框架,将前两节完成的千字文进行内涵上的提升,再撰写一篇"我的成才蓝图"千字文。继续让你的父母给其作出"合格、优秀、点赞"的评价。

瞭望角

本章总结

　　每个学生都有成才的梦想。张辛梓同学为了梦想成真,将学习能力和社会素养作为其成才的内部原因,把家庭、学校、社会的环境作为其成才的外部原因。他积极投身到社会活动中去,锤炼自己,不断向更高的目标攀登。

　　你能否由此感悟出"内因是人才发展的根据,外因是人才发展的条件,外因通过内因而起作用"的真谛? 其实,内因是你成才的决定性因素。爱因斯坦的 $A = X + Y + Z$,就是他的成才奥秘。他将勤奋努力(X)、正确方法(Y)和少说空话(Z)作为自己获得成功(A)的座右铭,才使他由一个当初被人笑话为"笨头笨脑"的孩子成长为"影响世界"的科学巨人。

　　当今社会发展需要量最大的热门人才是像钱三强那样的科技创新领军人才,这已成为国际共识。愿你以钱三强为榜样,心系祖国,融"文化、学力、智力、潜力、品格"于一体,产生新思想、发现新问题、创造新事物。也真诚地希望你用"中国梦、成才梦"来丰富你自己的价值愿景;用爱国主义情怀提升你自己的思想境界;用人才成长模型来鞭策自己的言行举止,用扎实的知识技能来提升你自己的报国本领。

收获篇

再试牛刀

通过本章的学习与总结,你对人才成长的秘密是如何解读的? 请撰写一篇"我的报国梦想"千字文,让你的父母给其作出"合格、优秀、点赞"的评价。

第二章　文化奠基的秘密

爱因斯坦曾说过："照亮我的道路，并且不断给我新的勇气去正视生活的理想，是善、美和真。"笔者将其用公式进行概括，那就是：善＋美＋真＝文化，其中的善是人文，美是艺术，真是科学，即人文向善，艺术臻美，科学求真。我们将上述的科学进行延伸，就可理解为"STEM"教育，即"科学、技术、工程、数学"。我们再将上述的人文进行延伸，就是生活，它由艺术、表达、历史和经验所交织。人才的判断标准是成果，成果的关键是要接地气，接地气的出路是源自于生活，植根于文化。所以文化是学生成才的奠基工程。

第一节　夯实人文底蕴

小故事

亭桥研究

有一天，"小院士"季雨琦走到我的办公室，与我探讨扬州桥的调查研究问题。我问她："你怎么想到要研究扬州的亭桥？"她说："上个星期天，我去瘦西湖游玩，在五亭桥上看到许多游客正围绕在导游周围，听他介绍瘦西湖中的五亭桥、小虹桥和二十四桥那充满人文气息、有传奇色彩的人文故事，深深吸引了我。回家后我上网查询了扬州的亭桥知识，从一亭到六亭，无论是人文性、艺术性、科学性，都值得我去探索、研究。"我也激励她："对的，通过对扬州亭桥特色的对比研究，你会感悟到科学与人文相融的亭桥之美，从中夯实你的人文底蕴。"

功夫不负有心人,她的这项研究后来荣获中国少年科学院"小院士"课题研究成果展示答辩一等奖、江苏省青少年科技创新大赛二等奖,如图2-1-1所示。

图2-1-1

 点金石

人文底蕴

季雨琦同学的亭桥研究,从人文底蕴的角度去思考,可给我们下列启示:

1. 人文积淀的把握

学生发展核心素养对人文积淀的要求重点是:具有古今中外人文领域基本知识和成果的积累能力;能理解和掌握人文思想中所蕴含的认识方法和实践方法等。

(1)广积人文知识:古今中外的科学大师通常都是多才多艺、才华横溢,其根源在于广泛积累古今中外人文领域的基本知识和成果。五亭桥中就充满着历史的、文学的、政治的、艺术的知识和成果。五亭桥具有极高的桥梁工程技术和艺术水平。它"上建五亭、下列四翼,桥洞正侧凡十有五",建筑风格既有南方之秀,也有北方之雄。中秋之夜,可感受到"面面清波涵月影,头头空洞过云桡,夜听玉人箫"的绝妙佳境。一个要励志成为科技创新人才的人,必须从科技发展史中找到奋斗的方向;从文学常识中积累表达科技成果的方法;从政治文选中把握科技创新人才必须把爱国放在首位;从法律常识中明白搞科技的,哪些是应该做的,哪些是不应该做的;从艺术的成果中找到创新的灵感。只有将科学与艺术相融的人,才有可能进入一流的殿堂。

　　(2)关注积累方法:其实上述的这些知识中,蕴含着许多宝贵的人文思想、认识方法和实践方法,需要去理解和掌握,从中不断积累。那么怎样才能尽快地积累知识呢?下列方法供你参考:①顺序积累:任何知识都是由浅入深的,人们无论从书本中还是实践中积累知识,都要有计划地按顺序积累。②指向积累:当一个人确定了自己的奋斗目标后,积累知识就应有明确的方向。如果积累得太长、太杂,往往会力不从心,以致喧宾夺主、劳而无功。③统筹积累:从纵向和横向两个方面考虑,统筹兼顾,既要积累那些有利于把自己的研究引向深入的专业知识,又要积累那些与自己研究的领域、探索的问题有密切关系的学科知识,以便在描述自己的观点时能够旁征博引。④持久积累:科学大师巴斯德有句名言:"告诉你我达到目标的奥秘吧,我唯一的力量就是我的坚持精神。"积累知识最忌无恒,恒心是成功之母。

　　(3)关键在于应用:积累知识的目的在于应用,对科技创新人才的培养,更需如此。知识积累的过程也是阅读理解能力、论文撰写能力不断提高的过程。知识积累得多了,好比仓库里整理的东西多了,拿起来就得心应手多了一样。如季雨琦同学的研究成果《扬州亭桥特色的比较研究》,她研究了一亭的小迎恩桥、二亭的渡江桥、三亭的通江门桥、四亭的解放桥到闻名于世的五亭的莲花桥,再到横跨廖家沟的六亭的广陵大桥,反映了她对扬州亭桥的发展历史、美好传说、诗词文化、人文情怀、科学价值、艺术处理等知识的积累水平。

　　2. 人文情怀的抒发

　　人文情怀是指对某地区性的文化传承、习俗与文化、自然景观等,产生依依不舍的情感和怀念。它包括以人为本的意识、关切他人的幸福、尊重他人的尊严等。

　　(1)以人为本的意识:以人为本是科技创新人才的必备意识。如吴迪同学发明的"智能拐杖",就是专为老年人设计的。他发现有些老年人由于年事已高,记忆力下降,记不住自己家的位置,也记不住和子女家之间的路,不敢外出。于是,他提出了为老年人研制智能拐杖的构思,在鼓励老年人外出行走、积极生活的同时又为其提供安全保障,也使他们的家人在老年人享受外出散步和聚会的乐趣时,免于担心。该发明获江苏省青少年科技创新大赛一等奖,如图2-1-2所示。

　　(2)关切他人的幸福:吴迪同学发明的智能拐杖,也反映了他关切他人的生存、发展和幸福。许多科学家为此作出了光辉的榜样。如诺贝尔医学奖评委安德森对我国诺贝尔奖获得者屠呦呦的评价那样：屠呦呦的研发对人类的生命健康贡献突出。她的研究跟所有其他科研成果都不同，为科研人员打开了一扇崭新的窗户。屠呦呦几十年来致力于严重危害人类健康的世界性流行病疟疾的防治研究，从中医药这一伟大宝库中寻找创新源泉，从浩瀚的古代医籍中汲取创新灵感，从现代科学技术中汲取创新手段，与她领导的研究团队一起，坚持不懈，克服困难，联合攻关，成功地从中草药青蒿中提

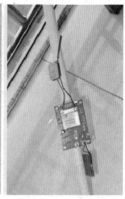

图 2-1-2

取出青蒿素，并研制出系列青蒿素类药品，这一成就挽救了全球特别是发展中国家数百万人的生命，在世界抗疟史上具有里程碑式的意义。

（3）尊重他人的尊严：每一个人都有尊严，无论其是贫是富、是善是恶、是好是坏，都有自己的尊严。树人少科院对学生的要求是：在自尊的基础上，不取笑别人的外貌、衣着、说话方式和动作，不给他人起侮辱性绰号，更不能歧视身体或智力上有缺陷的人。科技创新人才的培养必须以此为准，以绝不能践踏他人的尊严为底线。

3. 审美情趣的陶冶

审美情趣是指一个人在审美活动中表现出来的一种偏爱。科技创新人才如何进行审美选择和评价？树人少科院从下列内容中让学生去自觉陶冶。

（1）科学与艺术情趣相融：科学与艺术从其产生来说是同源的，作为人类精神财富的两极，科学以及以艺术为代表的人文，是不可缺失的两个方面。在科学家的内心世界中，艺术的知识与技能的积累都是极其重要的。它不仅有利于科学家的科学研究，还可以使科学家更好地享受生活并成为其精神追求的重要部分。因为艺术能助他达到科学领域里的巅峰。反过来，艺术家一旦和科学相通，也能助他达到艺术领域里的巅峰。最为典型的代表就是达·芬奇。他是欧洲文艺复兴时期的天才科学家、发明家、画家。他最大的成就是绘画，《蒙娜丽莎》等作品体现了他精湛的艺术造诣。他还擅长发明、建筑、雕刻、音乐、通晓数学、生理、物理、天文、地质等学科，既多才多艺，又勤奋多产，保存下来的手稿大约有 6 000 页。他全部的科研成果尽数保存在他的手稿中，其中的《达·芬奇拱桥》手稿还被作为镇馆之宝保存在科学博物馆内，如图 2-1-3 所示。图甲为手稿，是他为苏丹巴耶赛特二世绘制的一座美丽绝伦的单跨长达 240 米的桥梁草图，计划跨越博斯普鲁斯海峡口的金角湾。可当时的君主因其无法想象而未付诸实施。图乙是在手稿完成 500 年后，由挪威艺术家桑德将草案付诸实施的一座真实而实用的桥梁。爱因斯坦认为，达·芬奇的科研成果如果在当时就发表的话，科技

可以提前 30～50 年。

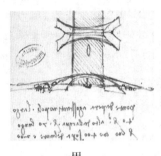

甲　　　　　　　　　　　　　　乙

图 2 - 1 - 3

（2）科技与艺术风格相通：艺术风格最鲜明的一个特点就是它的多样性。任何一个艺术门类，我们都可以从中发现多种艺术风格。任何一位出色的艺术家，我们都可以发现他与众不同，具有个性的艺术风格。其实科学家也是如此，也有多样性，其形成的原因与艺术家相通。如发明家爱迪生，其发明风格也颇具多样性。一是源自他独特的创作个性；二是离不开他独特的人生道路、生活环境、阅历修养和发明追求；三是源自其审美需求的多样化。所以才有"发明大王"之称。在他 84 年的生命中，专心致志、锲而不舍地发明创造了 1 328 项专利，真的是前无古人后无来者。

 信息窗

莲 花 五 亭

五亭桥的人文底蕴体现在哪些方面呢？季雨琦同学的研究是这样挖掘的。

1. 设计上别出蹊径

五亭桥受北京的北海五龙亭的影响颇深。五龙亭是五亭临水而建，中为龙泽，重檐下方上圆，象征天圆地方；西为涌瑞、浮翠，涌瑞为方形重檐，浮翠为方形单檐；东为澄祥、滋香，澄祥为方形重檐。五亭皆绿琉璃瓦顶，亭与亭之间有石梁相连，婉转若游龙，另龙泽、滋香、浮翠三亭有单孔石桥与石岸相接，珠栏画栋，照耀涟漪。扬州五亭桥无北海开阔水面，当然无法把五龙亭照搬。但聪明的工匠另出蹊径，将亭、桥结合，形成亭桥，分之为五亭，群聚于一桥，亭与亭之间以短廊相接，形成完整的屋面。桥亭秀，桥基雄，两者如何配置和谐呢？这里关键是如何把桥基建得纤巧，与桥亭比例适当，配置和谐。

2. 风格上颇具多样

五亭桥是清扬州两淮盐运使为了迎接乾隆南巡,特雇能工巧匠设计建造的。其风格颇具多样性。五亭桥的造型典雅秀丽,黄瓦朱柱,配以白色栏杆,亭内彩绘藻井,富丽堂皇,具有南方建筑的特色。而桥下则是具有北方建筑特色的厚实桥墩,和谐地把南北方建筑艺术,把园林设计和桥梁工程结合起来。桥下列四翼,正侧有十五个卷洞,彼此相通。每当皓月当空,各洞衔月,金波荡漾,众月争辉,倒挂湖中,别具情趣。

3. 艺术上无人超越

从空中俯视,五亭桥的形状像一朵盛开的莲花,所以又称莲花桥。有人把五亭桥的桥基比成北方威武的勇士,而把桥亭比作南方秀美的少女,这是力与美的结合,壮与秀的和谐。如果说瘦西湖像一个婀娜多姿的窈窕淑女,那么五亭桥就像一条五朵莲花组成的腰带紧束着瘦美人的腰肢,更显出她无比迷人的风姿。配上附近纤细的白塔,一横一竖、一白一彩,水中倒影涟漪。难怪中国著名桥梁专家茅以升这样评价:"中国最古老的桥是赵州桥,最壮美的桥是卢沟桥,最具艺术美的桥就是扬州的五亭桥。"正如清人黄惺庵赞道:"扬州好,高跨五亭桥,面面清波涵月影,头头空洞过云桡,夜听玉人箫。"

解密室

文 化 之 基

我们中华民族有着丰富而灿烂的文化,其基础是人文底蕴,十分厚重。学生发展核心素养框架要求把握好"人文积淀、人文情怀和审美情趣"。愿你像季雨琦同学那样,通过对地方文化特色的研究,来夯实自己的人文底蕴。

例如,对人文积淀的把握,你可以围绕"积累具有古今中外人文领域基本知识和成果,理解和掌握人文思想中所蕴含的认识方法和实践方法"等内容去感悟。对人文情怀的把握,你可以围绕"以人为本的意识,尊重、维护人的尊严和价值,关切人的生存、发展和幸福等"内容去理解。对审美情趣的把握,你可以围绕"艺术知识、技能与方法的积累,理解和尊重文化艺术的多样性,发现、感知、欣赏、评价美的意识和基本能力,健康的审美价值取向,艺术表达和创意表现的兴趣和意识,在生活中拓展和升华美"等内容去认识。

通过不断积累,相信你的人文底蕴一定会越积越厚重。

演练场

小试牛刀

通过本节的学习,你对人文底蕴有何感想?请撰写一篇"我的人文底蕴"千字文,让你的父母给其作出"合格、优秀、点赞"的评价。

第二节　追求科学精神

小故事

谁更柔韧

秦芊芊同学家住在扬州的漕河附近,漕河边绿化带里有很多植物,如垂柳、迎春花、玉兰、常春藤等,她家里也培植了很多植物,如绿萝、棕竹、吊兰、朱顶红、微型椰子……她发现很多植物的枝叶很脆,用手轻轻就能折断,有的甚至不小心碰一下也会折断。每当她看到折断的枝叶时,心里总有些不舍。于是想研究植物枝条的柔韧程度,看看哪种植物的枝条更柔韧,不仅不会折断,甚至可以打结。如果有,可以通过基因重组的方法,使其他植物枝条柔韧,不容易折断受伤。妈妈对她说:"扬州人都普遍认为柳枝是柔韧度最好的植物。你看它那婀娜多姿、随风飘舞的样子,它的柔韧度还值得你怀疑吗?"果真如此吗？她选择了科学探究。

正巧有一天,她在南京看见一棵奇形怪状的树,满树的黄花,枝条上还打了很多结,她的爸爸妈妈也不认识它。在回到扬州的第二天,她在小区里再次发现了它的踪影。通过上网查找资料,她知道这种植物的名字叫结香,可以任意缠绕打结而不会折断。这激发了她将结香与垂柳的柔韧度一比高下的想法,并根据平时积累的经验又选择了几种有代表性的植物:垂柳(乔木)、结香(灌木)、迎春花(灌木)、常春藤(藤本)进行不同程度的缠绕、弯曲对折和打结实验,来测试它们的柔韧程度,开展"树条的柔韧度研究"。她准备了三个粗细不一的圆柱体:直径6厘米的小饮料瓶、直径2厘米的喷剂瓶和直径0.7厘米的铅笔作为缠绕的工具作实验探究。她的这一研究成果被层层推荐,入围江苏省和中国少年科学院"小院士"课题研究成果答辩活动,并获得江苏省小哥白尼创新成果一等奖和中国少年科学院"小院士"的称号,如图2-2-1所示。

图 2-2-1

点金石

科学精神

《中国学生发展核心素养》对"科学精神"作了这样的解读:主要是学生在学习、理解、运用科学知识和技能等方面所形成的价值标准、思维方式和行为表现。具体包括理性思维、批判质疑、勇于探究等基本要点。

1. 理性思维的方式

秦芊芊同学的课题研究"树条的柔韧度研究",选择4种树条,采取5种方法,设计了20个实验,拍摄了20幅照片,如图2-2-2所示。

常春藤缠绕6厘米圆柱　　常春藤缠绕2厘米圆柱　　常春藤缠绕0.7厘米圆柱　　常春藤打结

常春藤弯曲后对折　　垂柳缠绕6厘米的圆柱　　垂柳缠绕2厘米的圆柱　　垂柳缠绕0.7厘米圆柱

垂柳弯曲后对折　　　垂柳打结　　　　结香打结　　　结香缠绕6厘米圆柱

结香缠绕2厘米圆柱　　结香缠绕0.7厘米圆柱　　结香弯曲后对折　　　迎春花打结

迎春花缠绕6厘米圆柱　　迎春花缠绕2厘米圆柱　　迎春花缠绕0.7厘米圆柱　　迎春花弯曲后对折

图 2-2-2

　　从图中的 20 幅照片中,我们再来总结一下秦芊芊同学的思维过程:①观察:很多植物的枝叶很脆,容易折断。②思考:能否通过基因重组的方法,使植物枝条柔韧。③问题:哪种植物的枝条最柔韧。④设计:选择有代表性的植物——垂柳(乔木)、结香(灌木)、迎春花(灌木)、常春藤(藤本)进行实验比较。⑤方法:用不同程度的缠绕、弯曲对折和打结来测试柔韧度。⑥实验:结果记录在如表 2-2-1 所示的表格中。⑦结论:结香比垂柳更柔韧。⑧评价:网上查询,撰写研究论文《树条的柔韧度研究》。⑨交流:参加中国少年科学院"小院士"课题研究成果展示与答辩并获奖。⑩完善:基因重组,植物枝条柔韧度的再研究。

表 2 - 2 - 1

植物	直径/cm	手感	缠绕圆柱的直径/cm			弯曲对折	打结	结论
			6	2	0.7			
垂柳	0.1	柔软有韧性	可缠绕	可缠绕	可缠绕	可以对折	收紧时断	次之
迎春花	0.2	干、硬而脆	可缠绕	可缠绕	全断裂	里外全断	易断难打结	最易断
常春藤	0.2	软而多汁	可缠绕	可缠绕	不全断	外好内裂	外好内裂	第三
结香	0.7	绵软似海绵	可缠绕	可缠绕	可缠绕	可以对折	可以打结	最柔韧

（1）如何认识事物：我们将上述思维过程再浓缩，为①观察→②思考→③问题→④设计→⑤方法→⑥实验→⑦结论→⑧评价→⑨交流→⑩完善。在这十个思维过程中，有明确的思维方向，有充分的思维依据，对问题进行观察、比较、分析、综合、抽象与概括，这就是理性思维，它是建立在证据和逻辑推理基础上的思维方式。

（2）要有真知灼见：这个结果也让秦芊芊同学明白了经验有时是靠不住的，任何事情都要亲自去做一做，正所谓实践出真知。接着她通过网上查询，发现结香还被称为打结树呢，真是长了见识。这就是理性思维的崇尚真知的科学原理和方法。

（3）尊重事实证据：在上述思维过程中，秦芊芊同学原本以为垂柳最柔韧，但实验结果却出乎她意料。因为垂柳其柳枝细长，柔软下垂，婀娜多姿，应该是树木枝条中最柔软的。可实验的结果却令她发现柔韧度最强的竟然是枝条粗壮的结香，这也反映了该同学具有对科学知识的实证意识和严谨的求知态度。

2. 批判质疑的勇气

从上述的小故事中，也能看出秦芊芊同学具备以下几种能力：

（1）具有问题意识：她从南京看见结香枝条上打了很多结后，对普遍认为"柳枝是柔韧度最好的植物"观点产生质疑，并根据自己平时积累的经验选择几种有代表性的植物进行了科学探究，说明她具有问题意识，勇气可嘉。其实问题意识是创新人才必须具备的重要意识。

（2）辩证分析问题：她选择垂柳（乔木）、结香（灌木）、迎春花（灌木）、常春藤（藤本）进行不同程度的缠绕、弯曲对折和打结实验，来测试它们的柔韧程度，将结果记录在表格中，便于辩证地分析问题。

（3）独立思考判断：她看到结香枝条能打很多结后，在小区里再次发现结香，还进行网上查询。说明她能独立思考、独立判断，作出选择和决定。这是树人少科院一直提倡的批判和质疑精神所结的硕果。

3. 勇于探究的精神

我们再分析一下秦芊芊同学对植物枝条柔韧度的研究过程，不难看出她已初具勇于探究的下列条件。

（1）想象源于好奇：好奇心和想象力是一对双胞胎。该同学出于对"结香枝条能打很多结"的好奇，产生探究的想象，通过实验探究，发现结香枝条的柔韧度明显优于垂柳枝条。

（2）寻求有效方法：如何探究植物枝条的柔韧度，其实验设计的方案能反映其实验的效果。当时她还是初一的学生，缺少进行实验探究的器材、设备、经验和方法。她选择了生活中常见的三种粗细不一的圆柱体：直径为 6 厘米的小饮料瓶、直径为 2 厘米的喷剂瓶和直径为 0.7 厘米的铅笔作为实验工具。正是这些有效方法，才获得如表 2-2-1 所示的实验记录，确保探究成功。

（3）坚持不懈探索：在实验过程中，她要将 4 种植物的枝条分别缠绕在 3 个直径分别为 6 厘米的小饮料瓶、2 厘米的喷剂瓶和 0.7 厘米的铅笔上，还要经过对弯曲对折、打结等过程的细心观察，将其观察到的现象及时正确地记录在自己设计的表格中，并设想通过基因重组的方法，使其他植物枝条柔韧，不容易折断受伤。没有坚持不懈的探索精神，是不可能完成上述探究任务的。

信息窗

科 学 素 养

我们虽对"科学精神"一词已从理性思维、批判质疑、勇于探究这三个基本要点进行了案例解读，但对其本质和内涵的认识并非耳熟能详。为此，我们需要对科学、科学素养有清醒的认识。

1. 科学

达尔文曾给科学下过这样一个定义：科学就是整理事实，从中发现规律，作出结论。达尔文的定义指出了科学的内涵，即事实与规律。科学要发现人所未知的事实，并以此为依据，实事求是。科学是建立在实践基础上，经过实践检验和严密逻辑论证的，关于客观世界各种事物的本质及运动规律的知识体系。科学包括自然科学、社会科学和思维科学等。

（1）自然科学：它是研究自然界不同对象的运动、变化和发展规律的科学。它包括物理学、化学、生物学等。如秦芊芊同学的研究涉及的是生物学，其研究的事实是结香比垂柳的柔韧度要好，研究目的是如何通过基因重组的方法，使其他植物枝条柔韧，不容易折断受伤的规律。

（2）社会科学：它是研究人类社会不同领域的运动、变化和发展规律的科学。它包括教育学、环境学、行为学等。

（3）思维科学：它是研究人的思维规律的科学，是关于世界观的学说，即哲学。它是自然科学和社会科学知识的概括和总结；也是自然界、社会和思维的最一般的规律。它包含自然、社会、思维等领域。

2. 科学素养

科学素养是指主体在掌握科学概念的基础上，以科学的态度、运用科学的方法来对现实中的个人、科学、社会有关问题作出明智的抉择。它包括了科学知识、科学意识、科学精神。

（1）科学知识：包括科学知识、技能，科学方法、能力。

（2）科学意识：包括科学热情与激情、科学行为与习惯。

（3）科学精神：包括人们的科学态度、科学价值观。

在科学素养中，最核心部分是科学精神，即人们对科学的态度与价值观；中间部分是科学知识，即人们在学校中、在社会生活中所学习并掌握的知识、技能、方法与能力；最外围部分是科学意识，即人们在科学素养教育中所形成的、在追求科学的过程中所表现出来的科学热情、激情以及自觉运用科学的行为与习惯，如图2-2-3所示。

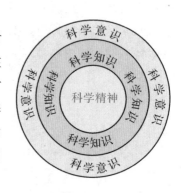

图 2-2-3

解密室

文化之魂

科学素养是在掌握科学概念的基础上以科学的态度、运用科学的方法对现实中的相关问题作出明智的抉择。它包括科学知识、科学意识、科学精神。其中的科学精神是本节内容的核心，它是文化之魂。

在此基础上，你再回味秦芊芊同学的"树条的柔韧度研究"，就会感悟到理性思维的整个过程，那就是：①观察→②思考→③问题→④设计→⑤方法→⑥实验→⑦结论→⑧评价→⑨交流→⑩完善。该过程有明确的思维方向，有充分的思维依据，围绕提出的问题进行观察、比较、分析、综合、抽象与概括。它是建立在证据和逻辑推理基础上的思维方式，是科技创新人才的必备素养。

与此同时,你还得在问题意识、辩证分析、独立判断中提高批判质疑的勇气。在丰富想象、寻求方法、坚持探索中张扬你勇于探究的精神。

如果你能把握上述的要点,那么你离科技创新人才的目标为期不远了。

演练场

小 试 牛 刀

通过本节的学习,你对科学精神有何理解?请撰写一篇"我的科学追求"千字文,让你的父母给其作出"合格、优秀、点赞"的评价。

第三节 提高技术水平

小故事

节 日 献 礼

2009年,树人少科院成立,学校为此举办了首届科技节。这可乐坏了少科院的学生,他们纷纷动脑筋、出主意、想办法,以实际行动为科技节献礼。其中初一学生崔师杰拿出他的绝活,设计制作了一盏宫灯参加科技节。

其实他为了设计好这盏宫灯,多次到扬州的个园、何园、瘦西湖,观摩宫灯的式样,将典型的宫灯实物用照相机拍摄下来,回家后细细揣摩其结构组成、拼装工艺,还请教了扬州有名的制灯工艺师傅。他用泡沫吹塑纸、废旧包装箱、装饰材料、大红梳头、高亮度节能灯等制成了有较高科技含量的创新宫灯,并荣获首届科技节宫灯展特等奖,如图 2-3-1 所示。

图 2-3-1

点金石

宫 灯 制 作

崔师杰的这盏宫灯,从设计到制作,其中的技术含量特别高。一般的学生即使能设计出来,恐怕也制作不出来,因为现在的学生动手能力不强。

其实,技术教育在当前中学教育中是个薄弱环节,根本不受重视。而《中国学生发展核心素养》对技术的要求提得很少,只有"理解技术与人类文明的有机联系,具有学习掌握技术的兴趣和意愿,通过诚实合法劳动创造成功生活的意识和行动"这寥寥数语,根本没有触及技术创新。当然,中学的技术课还是有的,如信息技术课、通用技术课。而国际盛行的"STEM"教育将技术放到了第二的位置,不能不引人深思。

崔师杰的宫灯制作工艺流程如下:

1. 设计宫灯图片

设计是制作出富有自己特色宫灯的第一步,必须引起高度重视。宫灯通常呈六角形,视觉效果比较好。

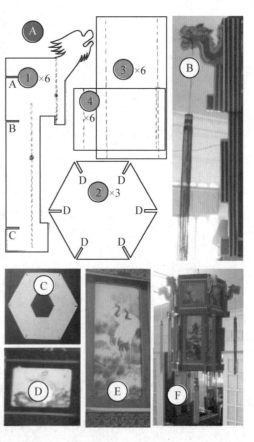

图 2-3-2

2. 按下料图下料

根据图 2-3-2 所示，图 A 所示的下料图共有四种规格的料片。其中料片①是宫灯的骨架，配有龙头如图 B 所示。料片②是连接片，呈六角形，如图 C 所示。料片③是下窗片，如图 D 所示。料片④是上窗片，如图 E 所示。

3. 精心装配成形

先将料片①与②连接，注意连接时的牢固性。然后安装窗片③，再安装窗片④。安装窗片时可以用双面胶将窗片黏合在料片②上或用大头针钉在料片②上。安装时要注意整体性和对称性。

4. 美化而成宫灯

在宫灯内部安装节能灯，在 6 个龙口处宫灯的底部安装大红的梳头，如图 F 所示。该宫灯虽是用塑料泡沫、硬板纸等废旧材料手工制作而成，但由于窗口的彩色图片选用了透明的挂历画，都是著名的山水画和花鸟画，色彩绚丽，内部装有两个 100 W 的节能灯，将两个宫灯对称地挂在客厅的显要位置，到了晚上真是流光溢彩，美不胜收。

学校还开展了宫灯展，如图 2-3-3 所示。

图 2-3-3

信息窗

技 术 教 育

树人学校为了提高学生的技术水平,除开设信息技术这门规定的学科课程外,还开辟机器人、3D 打印、纳米技术、模拟驾驶等专用教室,作为少科院的校本课程进行培训。

1. 机器人编程学习

树人学校的机器人专用教室吸引了不少学生,如图 2 - 3 - 4 所示。通过编程学习,学生对技术要领掌握得很快,积极参加扬州市、江苏省、全国的机器人现场比赛,多次荣获世界机器人比赛中国赛区华东地区一等奖、全国和江苏省的机器人比赛一等奖。

2. 纳米技术和 3D 打印

图 2 - 3 - 4

近年来,树人学校又分别建立了 3D 打印教室和纳米教室,如图 2 - 3 - 5 所示。其中的图 A 为学生正在 3D 打印机前打印 3D 作品。图 B 为学生在精密的纳米仪器前体验纳米高科技。图 C 为《扬州时报》的扬州教育栏目以"树人学校举行学生 3D 打印优秀作品展"为题报道了学生初步掌握了 3D 打印的设计及制作方法,已经能独立完成一些技术不太复杂但也具有一定美感的作品。图 D 为王嘉文同学参加中国青少年创造力大赛时,为第 5 届钟南山创新奖设计并用 3D 技术打印出的奖杯实物。图 E 为该奖杯获中国青少年创造力大赛金奖的证书。

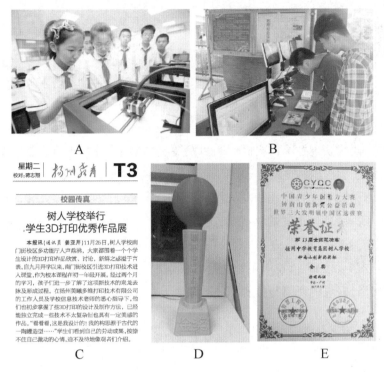

图 2 - 3 - 5

3. 汽车模拟驾驶技术

该活动为喜欢驾驶但又没有到法定学车年龄的学生提供安全、真实的驾驶环境。既满足孩子们的好奇心，又能使孩子们初步了解汽车驾驶技术，增强交通安全意识，如图 2 - 3 - 6 所示。

图 2 - 3 - 6

解密室

文化之根

技术是人类为实现社会需要而创造和发展起来的手段、方法和技能的总和,所以有人说:技术是文化之根。各类人才都需要技术:搞文学的,写作就是技术;搞艺术的,创作就是技术;搞科学的,发现和发明就是技术。技术包括工艺技巧、劳动经验、信息知识和实体工具装备。也就是说,整个社会的技术人才、技术设备和技术资料等都属于技术的范畴。

对科技创新人才而言,技术还是立足之根,没有技术,寸步难行。作为学生的你,一定要重视学校开设的所有与技术相关的课程,从中掌握一定的劳动技术、信息技术、通用技术。

演练场

小 试 牛 刀

通过本节的学习,你对宫灯的制作有所了解吗?请仿照图2-3-2所示的宫灯下料图及其制作方法,设计制作一个宫灯,并围绕制作感悟撰写一篇"我的宫灯艺术"千字文,让你的父母给其作出"合格、优秀、点赞"的评价。

第四节　重视工程思维

小故事

抗 震 模 型

　　张世尧同学在电视上看到汶川、玉树、海地大地震等相关新闻,不禁潸然泪下。如何减小地震对建筑物的破坏成了他经常思考的问题。

　　他查阅了相关资料,知道地震由纵波、横波和面波共同对建筑物产生的破坏作用。在地震中心区,纵波使地面上下颠动,横波使地面水平晃动,面波引起建筑物的扭动。纵波传播速度快,衰减也快,相比之下,对建筑物还不致构成较大的破坏力。而横波传播速度慢,衰减也慢,破坏性持续时间长。横波水平方向产生的大振幅晃动,对建筑物造成了极大的破坏力。而且由于房屋的惯性大,横波使底部移动时,上部依旧保持着静止状态,加上面波对建筑物的扭动作用,地震时房屋就往往会从中间断开。

　　为了把被动预防变为主动抗震,减小这种自然灾害对人类社会的灾难性破坏,他设想通过一个滚珠基座内滚珠的滚动来降低地震时横波和面波所产生的破坏作用,从而起到防震的效果。他设计制作了"滚珠式抗震楼模型",荣获中国少年科学院"小院士"的称号,还获得江苏省青少年科技创新大赛一等奖,如图 2-4-1 所示。

图 2-4-1

点金石

工程思维

张世尧同学设计制作的"滚珠式抗震楼模型",属于工程类的创新项目。《中国学生发展核心素养》对工程的要求为:具有工程思维,能将创意和方案转化为有形物品或对已有物品进行改进与优化等。

其实工程教育在中学传统教育中与技术教育一样,是不被重视的。但在国家的层面上,其战略地位是相当高的。如中国科学院和中国工程院的院士是中国科技界的最高荣誉。而且在国家的核心战略如航空航天、核潜艇等领域中,工程院院士的出彩成果似乎比科学院院士还要令人瞩目。就是在青少年科技创新大赛中,工程类的创新成果往往更能受到观众和评委的关注。

现在我们再来解读一下张世尧同学的"滚珠式抗震楼模型",如图 2-4-2 所示。

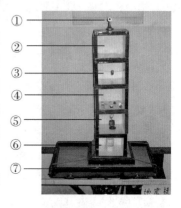

图 2-4-2

1. 模拟装置

图 2-4-2 中的①是光标灯和标尺,如图 2-4-3 中的图 A 所示。放在抗震楼模型的楼顶,用来检测抗震楼模拟实验时晃动的幅度。

②是抗震楼模型的顶层,如图 2-4-3 中的图 B 所示。内挂一个小球,小球在晃动时一般不发光,只有与墙壁碰撞时才发光。

③是抗震楼模型的四层,如图 2-4-3 中的图 C 所示。用一个螺母穿在固定好的细导线中间,在模拟地震时用来观察螺母来回移动的距离。

④是抗震楼模型的三层,如图 2-4-3 中的图 D 所示。将少许玻璃球放置在挖有孔的纸板上,模拟地震时用来观察玻璃球位置的移动情况。

⑤用钥匙链连接一个小铁块,如图 2-4-3 中的图 E 所示。把它吊装在抗震楼模型的二层,下面有一块磁铁,通常情况下,小铁块被磁铁吸引而不动,在模拟地震时用来观察铁块的摆动情况。

⑥是抗震楼模型的底层,如图 2-4-3 中的图 F 所示。其中有一个塑料小瓶,内装 80% 的水,底部用双面胶与房屋模型 1 层固定,在模拟地震时观察水的溢出情况。

⑦是地震模拟盘,如图 2-4-3 中的图 G 所示。

抗震楼模型就装在模拟盘上,内部装有滚珠式基座,如图 2-4-3 中的图 H 所示。

A. 光标灯和标尺

B. 顶层发光玻璃球

C. 四层线中审螺母

D. 三层放置玻璃球

E. 二层吊装小铁块

F. 底层装水塑料瓶

G. 地震模拟盘

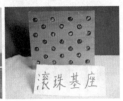
H. 滚珠式基座

图 2 - 4 - 3

2. 安装调试

①把地面支架平稳地放置在实验区域,把滚珠轴承水平放置在地面支架的轴上,如图 2 - 4 - 4 中的图 A 所示。②将电动机和减速器固定在振动盘支架上,安装皮带并调节皮带松紧度,在减速器的顶部轴上安装一根可以调节旋转半径的横杆,直杆的另一端与地震模拟盘上滚珠轴承的轴活动连接,把地震模拟盘放置在振动盘支架上,滚珠轴承可在上面滚动即可,如图 B 所示。③把分别装有 80% 水的塑料小瓶、小铁块、玻璃球、螺母和发光小球的 5 个房屋模型从下到上放置,并与滚珠式基座上铁销固定,使其无法滑动。将房屋顶层指针置于零位。④最后进行电路安装和调试,如图 C 所示。

A. 滚珠轴承

B. 模拟振动装置

C. 张世尧同学在认真调试

图 2 - 4 - 4

3. 模拟实验

(1) 模拟地震中产生的横波对常规地基房屋的实验:将滚珠基座置于地震模拟盘上,用两块泡沫板左右卡紧滚珠基座(模拟建筑物地基固定时的状态)使其不能在模拟盘上前后左右运动。把楼房模型放置在滚珠基座上,座槽内用橡皮筋固定。①将地震模拟盘摆动幅度控制在 0~6 cm,每秒 2~3 次。观察到的现象是:指针随着晃动幅度的大小作相同距离的移动,指针指示到的范围在标尺的－15～15 cm 之间,4 秒钟后由于地震模拟盘移动对房屋模型所产生的影响,5 个来回后房屋模型一层与滚珠式基座发生左右分离的现象,房屋模型在滚珠式基座上左右跳动,房屋模型出现整体倾斜的现象。房屋模型一层塑料瓶瓶口有少许水流出。房屋模型二层小铁块克服了磁力作用,随着地震模拟盘移动作反方向的晃动,房屋模型三层内玻璃球在开始 4 秒钟没有发生位移,后随着房屋模型在滚珠式基座上左右跳动,玻璃球全部移动并在底座里面滚动。房屋模型四层内螺母在线上作较大幅度的移动,顶层小球在较大幅度摆动,但尚未发光。②将地震模拟盘摆动幅度控制在 0～12 cm,每秒 2～3 次。观察到的现象是:顶层指针随着晃动幅度的大小作相同距离的移动,指针指示到的范围也在标尺的－15～15 cm 之间,两个来回后房屋模型一层与滚珠式基座发生左右分离的现象,房屋模型在滚珠式基座上上下跳动,滚珠式基座也在地震模拟盘上上下跳动。房屋模型一层塑料瓶瓶口有较多的水溢出。房屋模型二层小铁块克服了磁力作用,随着地震模拟盘移动作反方向的大力晃动,房屋模型三层内玻璃球在开始 4 秒钟后发生位移,玻璃球全部移位并在底座里面滚动。房屋模型四层内螺母在线上作更大幅度的移动,顶层小球与墙壁碰撞而发光。房屋模型从二层处断开,导致二层以上的房屋模型倾倒。

(2) 模拟地震中产生的横波对滚珠地基抗震楼的实验:将滚珠基座置于地震模拟盘上,把 4 个角用橡皮筋和地震模拟盘 4 个角相连(在正常情况下可以保持滚珠式基座和地震模拟盘的位置相对稳定),把楼房模型放置在滚珠基座上,座槽内用橡皮筋固定。①将地震模拟盘摆动幅度控制在 0～6 cm,每秒 2～3 次。观察到的现象是:指针没有随着晃动幅度的大小作相同距离的移动,指针指示到的范围在标尺的－8～8 cm 之间,由于地震模拟盘与滚珠基座之间的相对滑动(玻璃球在两者之间滚动),所以房屋模型一层与滚珠式基座没有发生左右分离的现象,房屋模型在滚珠式基座上没有左右跳动,房屋模型没有整体倾斜的现象。房屋模型一层塑料瓶瓶口没有水溢出。房屋模型二层小铁块没有克服磁力作用,没有随着地震模拟盘移动作反方向晃动。房屋模型三层内玻璃球没有发生位移。由于地震模拟盘不是完全水平运动,所以滚珠基座在地震模拟盘上出现了少许上下跳动现象。房屋模型四层内螺母在线上作较小幅度的移动,顶层小球在较小幅度摆动,没有发光。②将地震模拟盘摆动幅度控制在 0～12 cm,每秒 2～3 次。观察到的现象是:指针指示到的范围也在标尺的－8～8 cm 之间,房屋模型一层与滚珠式基座没有发生左右分离的现象,一层塑料瓶瓶口没有水溢出。房屋模型二层小铁块没有克服磁力作用,没有随着地震模拟盘移动作反方向晃动。房屋模型三层内玻璃球没有发生位移。与中等力量左右晃动地震模拟盘时相比,没有明显的区别,只是地震模拟盘晃动的频率加快了。房屋模型四层内螺母在线上移动的幅度不大。顶层小球摆动幅度也不大,没有发光。

4. 实验结果

表1：地震模拟盘摆动幅度控制在0～6 cm，每秒2～3次

	指针摆动幅度	一层塑料瓶	二层小铁块	三层玻璃球	房屋模型
无滚珠基座	−15～15 cm	少许水溢出	反方向大幅晃动	发生位移	有倾斜现象
有滚珠基座	−8～8 cm	没有水溢出	没有大幅晃动	没有发生位移	无倾斜现象

表2：地震模拟盘摆动幅度控制在0～12 cm，每秒2～3次

	指针摆动幅度	一层塑料瓶	二层小铁块	三层玻璃球	房屋模型
无滚珠基座	−15～15 cm	部分水溢出	反方向大幅晃动	发生位移	有倾斜现象
有滚珠基座	−8～8 cm	没有水溢出	没有大幅晃动	没有发生位移	无倾斜现象

5. 分析论证

对比发现，无滚珠基座和有滚珠基座在晃动时产生的效果差异很大。有滚珠基座的楼房在地震时能减小振动幅度，达到抗震效果。

（1）滚珠基座不能自由滑动的情况：当地震模拟盘从右向左晃动时，滚珠基座和房屋模型同样也要向左移动，当它们同时移动到某一位置时，突然地震模拟盘开始向右移动，由于惯性，滚珠基座和房屋模型还在向左移动，此时地震模拟盘对滚珠基座和房屋模型就会产生一个向右的剪切力，使房屋模型向左倾斜。同时地震模拟盘又向左移动对滚珠基座又产生一个向左的剪切力，这样往复多次。而滚珠基座和房屋模型是被固定的，所以就会出现滚珠基座和房屋模型的上下跳动现象，如在现实的地震中建筑物底部就会被切断。在汶川大地震中许多楼房的一、二层被切掉，三、四层变成一层就是这个原因。

（2）滚珠基座能够自由滑动的情况：当地震模拟盘从右向左晃动时，滚珠基座里的玻璃球同样也会向右滚动，此时房屋模型与地震模拟盘始终保持垂直，无论地震模拟盘前后左右如何晃动，玻璃球始终在它和滚珠基座之间来回滚动，来消除剪切力对建筑物的破坏。所以有滚珠基座时，可以降低地震时对房屋起破坏作用的横向冲击，消除剪切力，起到抗震作用。另外，当建筑物需要搬家时，滚珠基座还能使建筑物水平移动，减少拆迁费用和建筑垃圾。

信息窗

评审标准

在青少年科技创新大赛中有一类项目称为工程学,是指直接将科学原理应用于生产及实际应用的项目,包括土木工程、机械工程、航空工程、化学工程、电气工程、摄影工程、音响工程、汽车工程、船舶工程、制热与制冷工程、交通运输工程、环境工程等。要提高自己的工程水平,就得参加该项竞赛。

其评审标准为:(1)自己选题:选题必须是作者本人提出、选择或发现的。(2)自己设计和研究:设计中的创造性贡献必须是作者本人构思、完成的。主要论点的论据必须是作者通过观察、考察、实验等研究手段亲自获得的。(3)自己制作和撰写:作者本人必须参与作品的制作。项目研究报告必须是作者本人撰写的。(4)科学性:包括选题与成果的科学技术意义、技术方案的合理性和研究方法的正确性、科学理论的可靠性。(5)创新性:①新颖程度:该项发明或创新技术在申报之日以前没有同样的成果公开发表过、使用过,研究课题的选题有创意。②先进程度:该项发明或创新技术同以前已有的技术相比有显著进步。③技术水平:课题研究结论所具有的科学价值和学术水平。(6)实用性:指该项发明或创新技术可预见的社会效益、经济效益或效果以及课题研究的影响范围、应用意义与推广前景。

解密室

文 化 之 果

工程是科学和数学的某种应用,通过这一应用,自然界的物质和能源的特性能够通过各种结构、机器、产品、系统和过程,以最短的时间和最少的人力做出高效、可靠且对人类有用的东西。所以有人说:工程是文化之果。你想励志成为科技创新人才,就得有工程观念。

中学生参赛的青少年科技创新大赛,有13个学科,其中工程学1个学科的获奖项目几乎达到总获奖数的三分之一以上。

当今世界,工程院院士成为最有魅力的科技创新领军人物,如研究航天的、四代机的、核潜艇的、导弹的、人工智能的,哪一项不是令人刮目相看? 从这个角度思考,你还会小看工程吗? 相信你不会。

演练场

小 试 牛 刀

通过本节的学习,你对工程类项目的创新过程有所了解吗? 请撰写一篇"我的发明梦想"的演讲稿,再让你的父母给其作出"合格、优秀、点赞"的评价。

第五节　彰显数学价值

小故事

祖率悬案

孔梓萱同学从电视上看到屠呦呦在诺贝尔颁奖典礼上掷地有声的"中国医药学是

一个伟大宝库,应当努力发掘,加以提高,青蒿素正是从这一宝库中发掘出来的"话语时,联想到自己在小学时就对祖冲之的圆周率情有独钟。她认为:"数学也是中国的一个伟大宝库,祖冲之的圆周率与青蒿素一样,也是数学宝库中的一颗璀璨的明珠,已经沉睡了1 500多年,也需要挖掘。"

于是在老师的支持和鼓励下,她展开了祖冲之圆周率悬案解密及其挖掘的探索。她的这项研究获得江苏省青少年科技创新大赛二等奖,如图2-5-1所示。

图 2-5-1

点金石

悬案解密

孔梓萱同学对祖冲之圆周率悬案解密是从实验数据的测算进行的。她认为祖冲之是集"数学家、天文学家和机械制造家"于一身的奇才。天文是科学,制造是技术,机械是工程,再加上数学,就是创新人才"STEM"的典范。所以祖冲之不是一个墨守成规的人,而是一个富于创新精神的人才。

祖冲之圆周率的发现过程,走的应该不是刘徽的从内接正六边形开始的边数逐渐加倍的割圆老路,而是在刘徽割圆思想基础上的从1/360圆周,即从1度圆弧开始的逐渐加倍的分弧新路。采用的方法也不是刘徽的计算演绎,而是符合祖冲之特点的测量推算。其理由是:祖冲之有天文学家那敏锐的洞察力,他不需要依靠正多边形并逐次加倍地增加边数进行割圆,而可以直接从1度的圆弧开始,逐渐加倍地分弧。祖冲之又是一位数学天才,他具有对测量中的误差或对象进行科学的修正并推算的能力。祖冲之有机械制造家的美称,他具有设计制造出能精确测量微小长度和微小角度的工具的才能。

根据祖冲之的以圆径一亿为一丈,圆周盈数三丈一尺四寸一分五厘九毫二秒七忽,其长度的单位分别为丈、尺、寸、分、厘、毫、秒、忽等8个单位,与现在的长度单位十米、米、分米、厘米、毫米、分毫、厘毫、微米等8个进阶单位相对应。据此判断:祖冲之可能制成了精度在国际单位制中达到0.001毫米的万分尺。

她为了论证上述探秘思路是否可行,设计了如下方案,如图 2-5-2 所示。O 为圆心,θ 为圆心角,A 和 B 为圆周上的两点。圆半径为 r,a 为弦长,b 为切线长,m 为弧长,C 为切点,n 为微分数。显然 a、m、b 之间有 $a < m < b$ 的关系。由数学可知 $a = 2r\sin\theta/2$,$b = 2r\tan\theta/2$,$m = 2\pi r\theta/360$,其中 $n\theta = 360°$。令 $n = 11\,520$、$r = 10\,000$ mm,用计算器计算得弦长 $a = 5.454\,153\,84$ 和切线长 $b = 5.454\,154\,04$,取其平均值为弧长 $m = 5.454\,153\,94$。由圆周长 $L = mn = 2\pi r$,可求得圆周率 $\pi = mn/2r = 3.141\,592\,669\,44$。

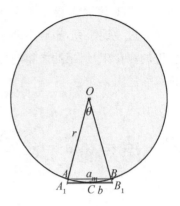

图 2-5-2

由此初步得出只要能够测出弦长 a 和切线长 b,就能推算出祖冲之的圆周率,并选择平整路面为实验平面,用小钉作圆心,用细线作圆心角的两边,准备好 1 度的测角器和如图 2-5-3 所示的千分尺进行实地测量。测量的关键是用千分尺测出逐步等分弧后的弦长与切线长,并进行补偿,其等分点如图 2-5-4 中的 B_1、B_2、B_3、B_4 和 B_5,其切点如图 2-5-5 中的 C、C_1、C_2、C_3、C_4、C_5,再用千分尺直接测量切线 A_6B_6 的长度 a_6,发现 a_6 与步骤中测得的弦长 a_5 基本相同,仍然为 5.454 mm。

图 2-5-3

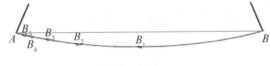

图 2-5-4

图 2-5-5

她想,a_6 理应略大于 a_5 才行,问题出在她使用的测量工具是千分尺,其精度为 0.01 mm,所以必须对测量值 a_5 和 a_6 进行修正才行。其修正的思路是将估读值推算至后一位,图 2-5-6 是用照相机拍下千分尺上刻度线的照片,并将其十等分,并进行估读,得出新的测量结果:$a_5 = 5.454\,1$ mm,$a_6 = 5.454\,2$ mm。

由此她猜测:祖冲之设计测量长度的工具可能精确到 0.001 毫米,达到了万分尺的水平。再利用公式 $\pi = na/d$ 求出修正后圆周率 $\pi_1 = 3.141\,561\,6$、$\pi_2 = 3.141\,619\,2$,取其平均值 $\pi_0 = 3.141\,590\,4$;然后仿照祖冲之进行推算,得出密率 355/113,计算密率得

图 2-5-6

π密＝3.141 592 92；继续平均，得出最后的解密结果 π＝3.141 591 7。

通过上述研究，她对祖冲之圆周率的算法悬案有下列结论：祖冲之可能发明了高精度的测量工具，祖冲之将刘徽的割圆术创新为分弧法，祖冲之圆周率的发现是测量推算而成。

信息窗

数 学 价 值

上海"STEM"云中心主任张逸中将"科学、技术、工程、数学"作了一个简洁的比喻：就像做菜。100℃水才能沸腾，这是科学；写个菜谱，这是技术；工程则像是炒菜过程；数学则是炒菜中所放调料的多少。中国人做菜喜欢讲"少许"，这个"少许"就是口味问题，但是你如果造房子呢？你放沙子说"少许"，那完蛋了。所以我们需要用数学去定量分析，才能保证每个东西都是一样的。可见数学在"STEM"教育中的地位是多么的重要，数学价值由此凸显。

1. 实验探究需要数学

这里介绍韦子洵同学进行的安培力影响因素的实验探究，获江苏省青少年科技创新大赛物理学二等奖，如图2-5-7所示。该成果离开数学是无法完成的。

图 2-5-7

(1) 测量数据:其测量数据记录在表 2-5-1 中。

表 2-5-1

序号	电流 I/A	导线 L/m	磁场的强弱		磁场与电流间夹角		安培力 $F/10^{-2}$ N
			间距 d/cm	磁感应强度 $B/10^{-3}$ T	$\theta/°$	$\sin\theta$	
1	1.16	20	4	3.29	90	1	7.59
2	0.87	20	4	3.29	90	1	5.69
3	0.58	20	4	3.29	90	1	3.81
4	0.29	20	4	3.29	90	1	1.92
5	1.16	16	4	3.29	90	1	6.11
6	1.16	12	4	3.29	90	1	4.58
7	1.16	8	4	3.29	90	1	3.05
8	1.16	20	5	2.98	90	1	6.91
9	1.16	20	6	2.38	90	1	5.52
10	1.16	20	8	1.86	90	1	4.32
11	1.16	20	4	3.29	75	0.966	7.33
12	1.16	20	4	3.29	60	0.866	6.57
13	1.16	20	4	3.29	45	0.707	5.37
14	1.16	20	4	3.29	30	0.500	3.80

(2) 分析论证:①由 1、2、3、4 行中数据分析得:在磁感应强度、导线长度一定时,垂直于磁场方向的通电导线,受到安培力 F 的大小,与导线中的电流 I 成正比。②由 1、5、6、7 行中数据分析得:在磁场强度、导线中电流都一定时,垂直于磁场方向的通电导线,受到安培力 F 的大小,与导线的长度 L 成正比。③由 1、8、9、10 行中数据分析得:在导线长度、电流一定时,垂直于磁场方向的通电导线,受到安培力 F 的大小,与磁感应强度 B 成正比。④由 1、11、12、13、14 行中数据分析得:在磁场强弱、导线长度、导线中电流都一定时,通电导线受到安培力 F 的大小,跟磁场与电流方向间夹角 θ 的正弦值成正比。

(3) 得出结论:综上所述,通电导线在磁场中受到安培力 F 的大小,与导线中的电流 I 成正比,与通电导线的长度 L 成正比,与磁感应强度 B 成正比,与磁场、电流方向间夹角 θ 的正弦值成正比。归纳出计算安培力的公式:$F=ILB\sin\theta$。

2. 工程技术需要数学

崔师杰等同学的纸桥过人工程,获江苏省青少年科技创新大赛工程学二等奖,如图 2-5-8 所示。从桥长、桥宽、桥高、承载人数,到基本构件、桥板、大梁、小梁、桥墩的个数,用了多少报纸,质量多少等,统计一下,共有 34 个数据。桥长 4.1 米、桥宽 0.54 米、桥高 0.37 米、有 3 个拱形、载 9 人过桥;基本元件长 0.54 米、5 张报纸绕成、共 200 根、可组合成 40 块桥板、每块 5 根;大构件长 1.08 米、30 张报纸绕成、共 12 件、可组合成 2 根大梁、每根 6 件;小构件长 0.7 米、16 张报纸绕成、共 32 件、可组合成 4 根小梁、每根 8 件;桥板跨度 0.45 米、试压能承载 1 个学生;大梁跨度 1 米,能承载 3 个学生;小梁跨度 0.6 米,能承载 2 个学生;2 个大桥墩共 6.635 千克、2 个

图 2-5-8

小桥墩共 2.740 千克;大梁共 4.795 千克、小梁共 2.095 千克、桥面板共 7.235 千克、纸桥总质量为 26.08 千克。上述的 34 个数据就成了纸桥的密码,成了数学在工程技术中的价值,它能承载 9 个学生。其实,所有发明创造都需要数学。

3. 调查报告需要数学

下面,我们再介绍一下赵睿哲同学的"扬州鸟类变化与生态环境关系的调查研究"。

(1) 收集数据:他从《扬州晚报》的相关报道中收集到下列有关扬州鸟类变化的数据,如表 2-5-2 所示。将其画成鸟类种数随时间(年)变化关系的函数图像,如图 2-5-9 所示。

表 2-5-2

年份	种数
1980	139
2003	148
2011	167
2012	181
2013	187
2014	200
2015	217
2016	250

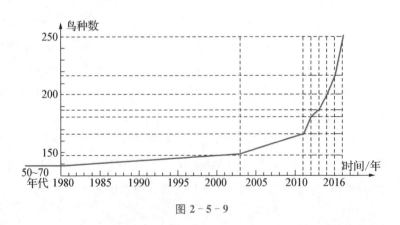

图 2-5-9

（2）调查结论：从图2-5-9不难看出，扬州鸟的种数在20世纪变化不大，进入21世纪后迅速增加。尤其是2011年，它是扬州鸟的种数突变的转折年。2016年是扬州鸟的种数增幅最大的一年。巧的是，2011年正是扬州生态环境状况江苏省排名第一、扬州环境优美度竞争力位于全国第四的一年，2016年是扬州全力打造江淮生态大走廊的一年。这说明扬州鸟的种数增加量与扬州的生态环境是密切相关的。连扬州的小鸟也在为扬州优美的生态而点赞。该成果获江苏省青少年科技创新大赛二等奖，如图2-5-10所示。

图2-5-10

演练场

小试牛刀

通过本节的学习，你对数学在"STEM"中的价值有所了解吗？请撰写一篇"数学价值"的千字文，让你的父母给其作出"合格、优秀、点赞"的评价。

解密室

文 化 之 本

　　数学是研究数量、结构、变化、空间以及信息等概念的一门学科,它在人类发展和社会生活中发挥着不可替代的作用,是学习和研究现代科学技术必不可少的工具,是中小学的重要学科。有人将它称为文化之本,相信你也有同感。

　　数学对科技创新人才的成果而言实在太重要了。有了数学的支撑,创新成果的档次就会大幅度提升,无论是实验探究、工程技术、调查报告都是如此。牛顿只有在他发明了微积分,解决了他在重大发现的工具问题后,才有了万有引力定律的诞生和牛顿经典力学的创举。所以,也希望你将数学视为你的成才之本。

瞭望角

本 章 总 结

　　本章将文化基础定位于"人文、科学、技术、工程、数学"。就是希望你将科学家的"锲而不舍、追求真理、奉献情怀"等品格内化为你人文素养的核心;把"概念、规律、原理、定则"等知识内化为你科学素养的核心;将"实验技能、学具制作、互联网＋、信息技术"等技能内化为你技术素养的核心;把"方案设计、研究成果、创造发明和创客创意"等能力内化为你工程素养的核心;将"物理公式、函数方程、逻辑推理和图像图表"等数学思想内化为你数学素养的核心。

　　通过本章学习,你是否初步积累了古今中外人文领域基本知识和成果?是否理解和掌握了人文思想中所蕴含的认识方法和实践方法?希望你从中把握人文积淀、抒发人文情怀、陶冶审美情趣。你是否在学习、理解、运用科学知识和技能方面初步形成了价值标准、思维方式和行为表现,从中内化为你理性思维的方式、批判质疑的勇气、勇于探究的精神?你是否在宫灯的设计制作过程中理解技术与人类文明的有机联系,从中内化为你掌握技术的兴趣和意愿?你是否将创意和方案转化为有形物品或对已有物品进行改进与优化,从中内化为你的工程思维?你是否把数学中的概念结论和处理方法推广应用于科学、技术和工程中,并内化为你的数学思维和认识特征?

如果你对上述要求已经有所感悟,那么相信你已经步入了科技创新的成才之门,祝贺你!至于如何走下去,还得希望你继续努力。

收获篇

再 试 牛 刀

通过本章的学习与总结,你对文化奠基的秘密是如何解读的?请撰写一篇"我的文化素养"千字文,让你的父母给其作出"合格、优秀、点赞"的评价。

第三章 关键能力的秘密

学力是学习能力和知识水平的简称,是学生发展的关键能力,也反映在人才发展的过程中,其知识水平以及在接受知识、理解知识和运用知识方面的能力水平所达到的程度。我们将其视为创新人才的造血工程加以打造,并定位于"自育、自学、实践、探究、创新"这五个核心素养,加以培养。

第一节 发展自育能力

小故事

自我教育

树人学校有位模范班主任,她发现班上的大多数同学不会帮助别人,于是在班上发起了"帮帮你行动"。在每次课外活动后,大家都感到疲劳、口渴、燥热的时候,两人一组轮流互相帮助,如为对方打水、扇风、按摩等,目的是体会帮助他人与被帮助的感觉。事后发现,有的学生因此就会主动照顾父母了。虽然老师并没有提出这个要求,但这个"帮帮你行动"使学生们在照顾人与被人照顾两种不同体验中,肯定了自己关心别人的价值,获得了一种幸福感。这样,他们就会充满信心,主动提出关心、帮助别人,开始了更高层次的自我

图 3-1-1

教育。正是这种自我教育,使这位班主任的育人工作能得心应手,大有妙手回春的感觉。她就是扬州市优秀教育工作者潘金霞,如图3-1-1所示。

 点金石

自育能力

苏霍姆林斯基曾经说过:真正的教育是启发寻求自我教育的教育。自我教育能力则是指"通过认识自己、要求自己、调控自己和评价自己而具有的自己教育自己的能力"。它是人成才能力中最重要的能力,我们将它简称为自育能力。

1. 自我认识能力

一个人有什么样的自我认识,就会对自己提出相应的要求,就会推动自己怎样行动,就会产生能力。这个能力就是自我认识能力,它是有层次的。

(1)自我认识的层次:怎样正确认识自己?只有在客观地、全面地、发展地认识自己的时候,才会产生自我认识能力。正如魏书生所说:当学生认识到脑子里存在新我旧我之争、真善美与假丑恶之争、公与私之争时,他就迈出了自我教育的第一步。上述三个层次中,客观地认识自己是基础,全面地认识自己是核心,发展地认识自己是关键。

(2)聪明与笨的差别:一个认为自己很聪明的孩子,对什么事情都有尝试的积极性,这个孩子是在发展地认识自己。而一个自认为很笨的孩子,则往往在成功面前令人遗憾地停下了脚步,原因是这个孩子没有全面地认识自己。其实,聪明与笨的差别全在于是否客观地、全面地、发展地认识自己。

(3)自我认识的意义:魏书生认为,首先必须从启发学生认识自我教育的意义、使自觉进行自我教育变成一种心理需要时,自我教育能力的培养才可能进入轨道。其实,一个人有许多需要,但是核心的需要是自尊,孩子也不例外。教育的核心就是让孩子具有自尊感。家长常常反映自己的孩子没有上进心、打不起精神,其实这后面的主要原因就是孩子自尊心被忽视、被压抑了。家庭教育必须及时满足孩子的自尊需要。如果没有自尊心,孩子就没有自我发展的动力,就无法持续发展、最终成为有用的人才。

2. 自我鉴别能力

如何分辨善恶是非,就是做人的首要问题。只有当你知道了什么是善恶是非以后,才能决定自己做什么,不做什么,才能扬善抑恶。而要正确判断是非善恶,首先得有战胜旧我的能力,如果没有这种能力,也就不可能进行自我教育。

（1）鉴别是非的方法：其实，人们生活在一个真善美与假丑恶并存的世界里，对自己而言，就是生活在一个真善美与假丑恶并存的心灵世界里。那么鉴别真善美与假丑恶的是非标准是什么呢？魏书生给出的方法是：培养学生正确的人生观和世界观。以此观察、分析社会与人生，尽量去发现社会、生活中光明的、美好的方面。

（2）头脑中的正义感：要战胜旧我，主要依靠的不是外部的力量，而是自己头脑中的正义感。只有努力壮大这种正义感，才能战胜心目中的不义之想、不义之举。有位班主任对班上学生的不义之举，采取罚唱一支正义之歌，使之产生自愧、自责的心理效应远大于被罚唱歌。对犯有比较严重错误的学生采取罚做一件好事，使之在做好事的过程中战胜旧我。对犯有严重错误的学生采取罚写一篇心理说明书，使之在头脑中产生旧我与新我之间的激烈斗争，这是更深层次的自我教育。

3. 自我评价能力

如果把自我教育过程比作一个螺旋上升的链条，那么自我评价就是具有特殊意义的一环。它将决定自我教育过程在进入下一个循环周期时驶入哪一个轨道。

（1）选择评价标准：这就是中学生行为规范，可归纳为五条：①自尊自爱，注重仪表。②诚实守信，礼貌待人。③遵规守纪，勤奋学习。④勤劳俭朴，孝敬父母。⑤严于律己，遵守公德。

（2）正确分析自己：教育目的必须通过你的内化才能真正实现。而内化的过程就是你正确分析自己的过程，就是自我教育的过程。只有在把老师家长提出的要求变成自我要求，并把它付诸实现的时候，教育目的在你身上才能真正实现，才能扶植心灵中真善美的思想，清除身上假丑恶的东西。

（3）辩证肯定自己：一个人有许多需要，但核心的需要是自尊，你也不例外。教育的核心就是让你具有自尊感，能辩证肯定自己。家庭教育必须及时满足孩子的自尊需要。

4. 自我践行能力

自我践行是自我教育中最关键的一道坎。没有这道坎，自我教育只能是空中楼阁。人有被动行为、自发行为、自觉行为、自动行为这四种行为，自动行为则是行为素养中最高级的素养。自我践行能力就是自动行为能力，它是自我教育能力结构中最重要的组成部分，对自我教育能力起着决定性作用。

（1）自我强制践行：一个人由"想"变成"做"，由愿望变成行动，是既重要而又艰难的一步。因为"想"比较容易，它仅仅是停留在脑子里的心理活动，不需要克服实际困难，也没有什么付出。然而，一旦要行动，敢不敢付出，愿不愿意承担责任，都会成为"拦路虎"。所以，要真正自我践行，必须从自我强制践行开始，使之逐渐形成习惯。

（2）自我发现唤醒：每个学生都有潜能，但如果遭遇到恶劣的环境条件，它可能永远沉睡再不发芽。所以自我践行需要你善于发现自己的潜能，还要善于及时唤醒自己的潜能。例如一位漫画家，他小时候喜欢信手涂鸦，一次偶然的机会，他发现一份报纸上的一幅漫画竟然和他的信手涂鸦十分相似，让他自我发现并唤醒自己的漫画潜能。后来他对绘画的兴趣越来越浓厚，最终成为一位有名的漫画家。他认为，绘画潜能的自我发现对其一生都有影响，并从内心深处感到"我能行"。

（3）自我激励调节：这里有十个让你自我激励调节的策略：①给你一个空间，让你自己往前走。②给你一些时间，让你自己去安排。③给你一些条件，让你自己去体验。④给你一个问题，让你自己找答案。⑤给你一些困难，让你自己去解决。⑥给你一个机遇，让你自己去抓住。⑦给你一次交往，让你自己学合作。⑧给你一个对手，让你自己去竞争。⑨给你一个权利，让你自己去选择。⑩给你一道题目，让你自己去创造。

 信息窗

五行学说

五行学说是古代哲学理论中以土、金、水、木、火五种要素的特性及其生克制化规律来认识、解释自然的系统结构和方法论。其内涵是这五种要素之间既相互独立，又相互影响，形成一个生机勃勃的动态整体，如图3-1-2所示。其动态的主流是木生火、火生土、土生金、金生水、水生木，形成外圈的大循环。其灵活的次流是木促金、金促火、火促水、水促土、土促木，或木促土、土促水、水促火、火促金、金促木，形成内部五角星之间的小循环。

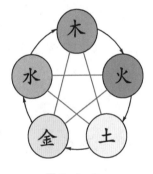

图3-1-2

笔者将其迁移到人才的关键能力上，将自我教育能力比作土，代表其承载接纳，是基础。将自学能力比作金，代表其安定收敛，成关键。将实践能力比作水，代表其柔和流动，善传承。将探究能力比作木，代表其生机萌发，能应变。将创新能力比作火，代表其灼热锤成，促成才。这五种关键能力也如土、金、水、木、火五种要素那样，既相互独立，又相互影响，形成一个生机勃勃的动态整体，如图3-1-3所示。形成动态的主流是外圈的大循环，灵活的次流是内部五角星之间的小循环。

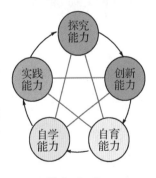

图3-1-3

再将两图融为一体，那就是：自我教育能力是成才之土，自学能力是成才之金，实践能力是成才之水,探究能力是成才之木,创新能力是成才之火。

解密室

成 才 之 土

自我教育能力是指"通过认识自己、要求自己、调控自己和评价自己而具有的自己教育自己的能力"。它是你成才能力中最重要的能力,是你终生发展的第一需求,是你各种学习能力中最接地气的能力,它是你的成才之土。

树人学校十分重视学生自我教育能力的培养,把着眼点放在自我认识能力、自我鉴别能力、自我评价能力和自我践行能力的培养上。

图 3－1－4

姚楠同学就是一个比较成功的典型,如图 3－1－4 所示。正因为她有较强的自我教育能力,所以她兴趣广泛。除了学习成绩优秀外,还喜爱旅游,钢琴能达到业余十级。在 2014 年中考中以总分 765 分轻松拿下扬州市中考状元的桂冠。记者采访她时,她这样说:"学习不能只局限于表层,应该多注意能力方面尤其是自我教育能力方面的提高。"

演练场

小 试 牛 刀

通过本节的学习,你对自我教育有何感想?请撰写一篇"我的自我教育能力"千字文,让你的父母给其作出"合格、优秀、点赞"的评价。

第二节 培养自学能力

小故事

自学成才

华罗庚是中国著名的自学成才的数学家,如图 3-2-1 所示。他上初中时,对数学产生了特殊的兴趣,他的老师王维克很器重这个聪明机灵的学生,常常单独辅导他,给他出一些难题做,这使少年华罗庚受益匪浅。念完初中后,因家里无力再供他上学,他只得辍学到父亲的小杂货店里帮助料理店务。人虽然守在柜台前,心里经常琢磨的还是数学。王维克老师借给他几本数学教材:一本《代数》,一本《解析几何》,一本《微积分》。从此以后,他便跟着这些书步入了高等数学的大门。他每天晚上大约 8 点钟清理好小店的账目之后回家,自学数学到深夜。

图 3-2-1

19 岁那年,他发现一位大学教授的论文写错了,便把自己的看法写成一篇题为《苏家驹之代数的五次方程式解法不能成立之理由》的文章,发表在《科学》杂志上。在数学论坛上崭露头角的华罗庚引起了清华大学数学系主任熊庆来教授的注意。当他打听到这个数学奇才原来是个只读过初中的小青年时,深为震惊,便写信邀华罗庚来清华大学数学系当管理员。到清华后,华罗庚的进步更快了。他自学了英语、德语,24 岁时就能用英文写作数学论文,25 岁时的论文已引起国外数学界的注意,28 岁时就当上了西南联大教授,后来他又被熊庆来教授推荐到英国剑桥大学深造。

在走过坎坷的自学之路后,他成了世界著名的数学大师,国外数学界这样评价他:华罗庚教授的研究著作范围之广,足可使他被称为世界上名列前茅的数学家之一。

自 学 能 力

从华罗庚自学成才的故事中,不难看出自学能力是多么的可贵和重要。它是衡量一个人可持续发展的重要素养,是学生终生发展的第一需求,位于一切学习能力之首。树人学校对少科院学生自学能力的培养,从知、情、行、恒这四个方面入手,采取提高认识抓"知"、激发兴趣抓"情"、教给方法抓"行"、培养习惯抓"恒"的育才方法,将其作为少科院造血工程的首要战役来打造。

1. 提高认识抓"知"

知是行的前提,教师的思想、心灵、认识都要向学生开放,努力使学生在教学中成为和教师同步运行的要素,使培养自学能力不仅是教师的主观愿望,而且是学生的内在要求。基于这样的认识,我们在抓"知"上采取了下列措施。

(1) 组织学生讨论:学生的学习流程通常是:听课→作业→复习→检测→小结。这是传统的教学模式,其实质是先教后学,而现在树人学校提倡的翻转课堂是先学后教。通过讨论,成绩差的学生深感先教后学的听不懂之苦、跟不上之苦、陪学之苦;中等生感到先教后学虽然也能学到一些知识,但过后回忆,留在脑子里的东西并不多;成绩好的学生也感到先教后学绑住了思维,使学生成了知识的容器,阻碍了思维的发展……由此学生会萌发实行自学的愿望,乐意接受翻转课堂先学后教的新理念、新模式。

(2) 讲华罗庚故事:这位已担任中国科学院数学研究所所长的著名教授,填写户口簿时,在"文化程度"一栏里写了"初中毕业"4 个字。这虽然使许多人惊讶不已,却是事实:他的的确确只有一张初中毕业证书。这位数学大师的数学知识,几乎都是通过自学获得的。他还成为美国科学院 120 年历史上第一位获得外籍院士荣誉称号的中国科学家。

(3) 面对时代特点:我们已进入了网络的时代、信息经济的时代、快速变化的时代、充满竞争的时代。在未来的竞争中必将淘汰五种人:知识陈旧技术单一的人、情商低下反应迟钝的人、安于现状心理脆弱的人、单打独斗目光短浅的人、不学无术不思进取的人。这五种人所缺乏的关键能力就是自学能力。为了适应当今和未来社会的需要,必须提高自学能力,才不至于被社会所淘汰。

2. 激发兴趣抓"情"

认识自学固然重要,但如何激发自学的兴趣呢?下列方法供你参考。

（1）增加兴趣内容：为了便于学生课前自学，树人学校物理组制作微视频让学生在校园网平台上观看。如《物体的浮与沉》的微视频资源，就来自互联网上372潜艇的奇迹报道：在海军组织的一次不打招呼的战备拉练中，支队长王红理作为指挥员，带领372潜艇紧急出航，潜入大洋，期间成功处置潜艇遭遇海水密度突变造成的"断崖"掉深的重大突发险情，并克服重重困难，圆满完成战备远航任务，创造了我国乃至世界潜艇史上的奇迹，如图3-2-2所示。其中的图A为372潜艇，图B为断崖的原因分析图。然后设问：你能知道潜艇"断崖"掉深的原因吗？你想了解海军372潜艇官兵群体是如何克服重重困难，圆满完成战备远航任务的吗？这样的

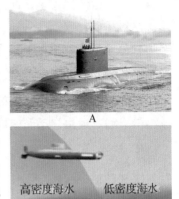

A

高密度海水　　低密度海水

B

图 3-2-2

微视频既丰富了自学的内容，又激发了自学的兴趣，为翻转课堂的顺利实施提供了保证，更是将育人寓于自学之中。

（2）采用新颖方法：上述微视频引入自学环节，其实也属于一种新颖的方法。如上述《物体的浮与沉》的自学中，还增加了做一做、画一画、探一探、理一理等环节，让学生参与和微视频同步的实验。将牙膏壳、小苹果、橡皮泥、小药瓶（内装适量小铁钉）、鸡蛋等材料放入盛水的塑料瓶中，如图3-2-3所示，并将物体浮沉情况依次记入表3-2-1中。画出物体在水中漂浮、上浮、悬浮和下沉时力的示意图，探究怎样使上述实验中上浮的物体下沉、下沉的物体上浮。鸡蛋既不能改变重力，又不能改变体积，有什么方法使其上浮？将改变物体浮沉的方法及其原理填入表中，由此你可得出哪些结论？

塑料瓶

牙膏壳

小苹果

小药瓶

橡皮泥　　鸡蛋

图 3-2-3

表 3-2-1

物体	浮沉	改变物体浮沉的方法	原理
牙膏壳	漂浮	将其压卷（减小排水体积）下沉	减小浮力
		往壳内灌水（增加重力）下沉	增大重力
小苹果	漂浮	往苹果内插若干铁钉　下沉	增大重力
橡皮泥	沉底	捏成空心（增大排水体积）上浮	增大浮力
小药瓶	悬浮	瓶内取出铁钉（减小重力）上浮	减小重力
鸡蛋	沉底	水中加盐（增大液体密度）上浮	增大浮力

（3）创设竞赛情景：心理学家认为大脑这部机器处于竞赛状态时的工作效率要比

非竞赛时的效率高得多。即使是学生毫无直接兴趣的智力活动，由于渴望竞赛取胜也会油然而生间接兴趣，从而兴致勃勃地投入到竞赛的智力活动中。如在大气压的微视频中创设了与学生用相同的茶壶进行喝茶快慢的比赛情景，结果身高体壮的男同学败给了个子瘦小的女同学，原来是教师将男同学那只茶壶盖上的小孔给封住了，大气压起不了作用。这种竞赛情景的创设对激发学生的自学兴趣意义非凡，久而久之，会使学生的自学兴趣由被动而变成主动。

3. 教给方法抓"行"

上述的认识和兴趣，解决的只是认识问题，具体怎样自学，还得教给方法。

（1）教材自学方法：比如，让学生把初中的 4 本物理书借到手，先给出自学 4 本书的方法，引导学生画知识结构导图，使学生对 4 本物理书的知识结构心有全局。再分别给出自学 1 本书的方法和自学 1 章的方法，最后给出自学 1 节教材的方法。以速度概念的自学为例，先浏览全节，梳理出知识线和方法线，其中的知识线为：速度的定义→意义→公式→单位→测量→应用，画出结构导图。再结合导学案，标出本节的重点是如何比较运动的快慢，难点是如何用比值法来定义速度，这是初中物理第一个可以定量计算的物理量。最后完成翻转课堂设计的课前自学中的尝试练习，并对照电子平台提供的练习答案给以定量评价，提出自学中还有难以理解的问题，打好已有准备的知识基础和提供课上需要解答的疑难问题。

（2）资料自学方法：树人少科院的学生要参加小课题研究活动，要学会找参考资料、自学相关资料，会浏览，从摘要中提取相关信息，将其与正文中的相关内容对照起来，并做好必要的记录，以备课题研究的对比之用。

4. 培养习惯抓"恒"

魏书生对自学习惯的培养有过形象而深刻的描述：不能幻想通过一两次自学行动的过程就使学生具有这种能力。每次自学好像点，自学习惯好像线，线才能成面，最后构成能力的体。对学生自学能力的培养，主要是自学习惯的培养。

（1）首次起步要慢：学生从没有自学习惯到养成自学习惯有一个过程，这个过程的推手就是点燃学生自学习惯的欲望。学生一旦有了自学的欲望，教师就得指导其成功实践，从中找到自学成功的快乐。为了确保首次自学的成功，起步一定要慢，对自学的要求要低。如对速度的自学，如果是第一次自学，将要求只定到了解不同时间、不同路程的两个物体运动快慢的比较方法即可。

（2）以后逐步加速：经过两个月左右的自学训练，连学习习惯比较差的学生也能安下心来自学时，就得逐步提高自学的速度，以一节内容的时间为标准，在达到相同质量标准的前提下，逐步缩短自学的时间，以提高自学的效率。

（3）明确自学计划：自学能力的培养必须有计划地进行。在指导学生制订自学能力的培养计划时,要有每天、每星期、每月、每学期对自学训练量的规定,通过日积月累,使自学习惯、自学能力成为每个学生乐意执行的自觉行动。

（4）三种控制互补：要保证好习惯在足够的时空内发展,就得要求学生对照自己的自学习惯和自学能力训练中的不良表现进行剖析,实现自我控制。在此基础上,要求学生之间对其自学中的不良行为进行相互控制;教师将随时抽查,对不良习惯的萌芽进行控制,使每个学生都在有效的控制之内。

（5）进入惯性轨道：经过一个多学期从自学的起步、加速、计划、控制,就基本上可以依靠惯性来运行了。当然进入轨道的飞行器也有发生故障的时候,所以还得注意随时发现问题及时引导,让自学形成习惯,自学能力就有可能真正形成。

信息窗

三 重 收 获

魏书生是中国现代教育实践家,当代著名教育改革家,先后被评为特级教师、全国优秀班主任、五一劳动奖章获得者、全国劳动模范、全国中青年有突出贡献的专家、首届中国十大杰出青年,如图3-2-4所示。他认为：每个人都有不同层次的多种需要,衣食住行的需要,劳动、学习、研究、创造的需要,人际关系和谐、亲情、友情、爱情的需要,为他人、集体、社会尽责任、尽义务的需要,追求理想社会的需要……不同层次的人对不

图3-2-4

同层次需要的强烈程度也不同。有的强烈需要物质,有的强烈需要感情,更有的强烈需要追求理想。

魏书生认为：尽管教师穷,不能满足物质的需要,但教师的劳动能有三重收获:一能收获各类人才,能满足人们为社会尽责任、尽义务的需要;二能收获真挚的感情,能满足人们感情和谐、融洽的需要;三能收获科研成果,能满足人们研究、创造的需要。所以,大部分教师呕心沥血,为人民的教育事业奉献着自己的青春和年华。

而学生最需要的则是自学能力和自我教育能力。培养自我教育能力,要把着眼点放在启发自我意识、自我教育动机、创造自我教育条件以及教给自我教育方法上。教育的制高点是自我教育,自我教育的终极目标是达到自动。就自育而言,管是为了不

管,就自学而言,教是为了不教。自我教育的培养策略是内浸于心,外化于行,持之以恒。

展示台

成才之金

树人学校对学生自学能力的培养,从知、情、行、恒这四个方面入手,采取提高认识抓"知"、激发兴趣抓"情"、教给方法抓"行"、培养习惯抓"恒"的方法,将其作为培养科技创新人才造血工程的首要战役来打造,结出了丰硕之果。

例如,李佳一同学以763分的高分成为扬州市2015年中考状元,如图3-2-5所示。当她从好友口中得知此消息的第一反应是"这不可能"。因为她知道,她在中考前的几次模拟考试中并不冒尖。但当她确认是中考状元时,吐了口气说:"这可能得益于我喜欢阅读思考的习惯。"她说的喜欢阅读思考的习惯,其实就是她的自学能力。

图3-2-5

所以,当你自学已成习惯之日,就是你自学能力形成之时。你明白了吗?

演练场

小 试 牛 刀

通过本节的学习,你对自学和自学能力是如何认识的?请撰写一篇"我的自学能力"千字文,让你的父母给其作出"合格、优秀、点赞"的评价。

第三节 增强实践能力

小故事

实 践 活 动

　　利用寒暑假,组织学生参加社会实践活动,成了树人学校的常态化活动。2017年7月2日上午,初一5班的学生和部分家长共同走进扬州科技馆,体会科学之美好,世界之奥妙,如图3-3-1所示。

图 3 - 3 - 1

　　他们首先进入的是工艺技术主题展厅,同学们观察机械运转原理,人人动手,争相参与。其中的摩尔斯电码引起了许多同学的注意,这是美国人摩尔斯的一项发明。它

由点和划两种符号与不同的间隔时间组成,虽不同于现代只使用零和一或两种状态的二进位代码,但由于它具有技术及艺术的特性,更受学生青睐。就是这些点与划的简单组合,竟让同学们捉摸不透。原来不同的间隔时间暗藏了玄机,一群同学经过合作,才破译了密码。

随后他们来到了能源环保、光影魅力和天文宇航等展厅。模拟黑洞的装置、天文望远镜的观察、宇航员的生活设备、太阳的无尽奥秘……这些简单的装置引领同学们领略宇宙的无限风采,勾起对浩瀚宇宙的向往。几十年后,我们这群同学之中能否会有精英走进那片充满未知的空间?

点金石

实践能力

让学生参加实践活动是为了培养其实践能力。它是学生设计方案、解决实际问题而必备的能力,是学生将来适应生活、立足社会、促进自我成长的长久之计。树人学校通过综合实践、社会实践、科技实践、校本课程等丰富多彩的综合实践活动等途径增强学生的实践能力。

1. 综合实践

《中国学生发展核心素养》将实践能力作为核心素养的要求提出:主要是学生在日常活动、问题解决、适应挑战等方面所形成的实践能力。新课程标准也将综合实践作为教材内容,物理教材在重点章节就安排了综合实践的内容。树人学校将其视为向学生生活领域延伸的有利于创新人才早期培养的综合性课程,采取课内创新设计、课外创造发明的育人策略,开展综合实践成果展示活动,有168件发明作品展示,其中学生的创新学具就有24项,如图3-3-2所示。

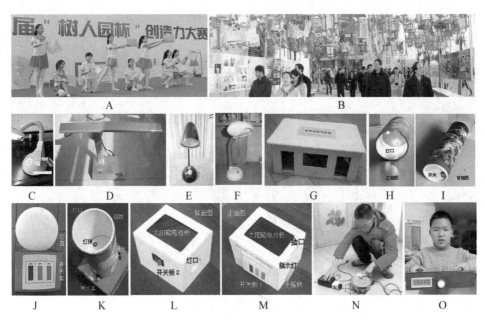

图 3 - 3 - 2

其中的图 A、图 B 是成果展示活动现场。图 C 为智能光照报警台灯。图 D 为带录音和根据光线强弱自动开启照明功能的台灯。图 E 为红外线智控台灯。图 F 为智能节电灯。图 G 为教室光控节能器。图 H 与图 I 为筒形色光混合仪。图 J 为球形色彩混合灯。图 K 为改进型彩色合成演示器。图 L 和图 M 为多功能能量转化仪。图 N 为电动自行车安全温控防爆充电器。图 O 为防超载、防扬尘全封闭渣土车。这些作品分别在江苏省或全国的科技创新竞赛中荣获一等奖、二等奖。

2. 社会实践

树人学校非常重视学生的社会实践活动，如九龙湖校区初三在紧张的二模考试后，组织全年级的学生前往浙江省横店影视城，进行为期两天的社会实践活动。他们"穿越"宋朝、"穿越"秦王宫、"穿越"明清时代。在这里，同学们换上古装，戴上头饰，在导演的指导下进行微电影拍摄。这既是一次轻松快乐之旅，也是初三学生与老师共同生活、增进感情的毕业之旅，更是增强学生实践能力的素质之旅，如图 3 - 3 - 3 所示。

图 3 - 3 - 3

3. 校本课程

树人学校依托少科院这个平台,开展了 20 多门校本课程,其中有许多内容是为增强学生的实践能力设计的。如发明创意、机器人编程、3D 打印、模拟驾驶、信息技术、科幻画、围棋研究、管弦乐团等。如图 3 - 3 - 4 所示。

3D打印　　　　　　　发明创意　　　　　　　围棋研究

模拟驾驶　　　　　　　信息技术　　　　　　　机器人

管弦乐团　　　　　科幻画　　　　　摄影技术

纳米技术　　　　　生物园艺　　　　　足球体操

图 3 - 3 - 4

信息窗

活 动 简 介

"筑下与大院士同样的科学梦"科技实践活动简介

1. 北京寻梦

北京是个诱人寻梦的地方,我们于 2014 年组成寻梦队伍,相会北京,寻找科学梦。参加中国少年科学院"小院士"课题研究论文答辩展示活动,12 个课题研究成果获得全国一等奖,车京殷荣获全国十佳"小院士"称号。如图 3 - 3 - 5 所示。

2. 院士寄梦

我们邀请大院士来校与学生面对面,让学生从祁力群院士的成长经历中品味科学梦,从龙乐豪院士的励志故事中感悟科学梦,从播放何祚庥、程顺和、林群、陈渊鸿等院士来我校作报告的视频中领略大院士们的科学梦。

3. 树人筑梦

我们围绕"发明在我身边"这一主题,开展一系列的发明创造活动,激发学生的创造动力,收到了近百件科技小发明作品。结合中国科协、教育部、中央文明办、共青团中央关于开展《创新在我身边——2014 年青少年科学调查体验活动》的通知精神,开

图 3-3-5

展了以"我为扬州出力"为主题的调查体验活动,呈现了近百个为扬州发展建言献策的调查报告,受到社会的广泛关注。结合中国少年科学院一年一度的"小院士"课题研究成果展示与答辩活动,开展了以"探究伴我成长"为主题的科学探究活动,收到了200多篇以实验探究为主要特点的课题研究小论文,成功搭建了有利于学生舒展才华的筑梦舞台,使一大批科技创新的早期人才脱颖而出。

4. 成长圆梦

选拔优秀作品参加市、省、全国乃至国际的科技竞赛,让学生在竞赛中享受成长圆梦的欢乐。撰写课题论文356篇,有200多人次获得省级以上的等级奖。

解密室

成才之水

实践能力是保证你顺利运用已有知识、技能去解决实际问题所必须具备的能力。它是你将来适应生活,立足社会、促进自我成长的长久之计。从五行学说的角度看,它柔和流动,是你的成才之水。

树人学校十分重视对学生实践能力的培养,让学生在丰富多彩的科技实践活动中增强实践能力。例如,树人少科院小院士课题组的98位学生开展的"让废旧的瓶瓶罐罐'酷'起来"的科技实践活动,荣获全国青少年科技创新大赛一等奖和十佳科技实践活动奖,如图3-3-6所示。

希望你能积极参加学校组织的各种实践活动,增强你的实践能力,为你的成才之梦打下扎实的基础。

图3-3-6

演练场

小试牛刀

通过本节的学习,你对自己的实践能力作何评价? 请撰写一篇"我的实践能力"千字文,让你的父母给其作出"合格、优秀、点赞"的评价。

第四节　提高探究能力

小故事

电磁感应

　　法拉第出生于英国一个贫苦铁匠家庭,仅上过小学,是位自学成才的著名的物理学家、化学家。他于1821年得知奥斯特发现了电流的磁效应,认为电与磁是一对和谐的对称现象。既然电能生磁,他坚信磁亦能生电。经过10年的艰苦探究与无数次的失败,1831年8月26日他终于获得成功。这次实验是在用伏打电池给一组线圈通电(或断电)的瞬间,另一组线圈获得感生电流,他称之为"伏打电感应"。而后完成了在磁体与闭合线圈相对运动时在闭合线圈中激发电流的实验,他称之为"磁电感应"。经过大量实验后,他终于实现了"磁生电"的夙愿,宣告了电气时代的到来。

图 3 - 4 - 1

　　他设计的这个实验装置如图3-4-2所示:在一个直径为6英寸的软铁环两侧分别绕了两个线圈。图中的线圈B接上灵敏电流计,成为闭合回路。线圈A与电池组相连,接开关后形成有电源的闭合回路。实验发现:合上开关,灵敏电流计的指针偏转,切断开关后灵敏电流计的指针反向偏转,这表明在无电池组的线圈中出现了感应电流。法拉第立即意识到,这是一种非恒定的暂态效应。紧接着他又做了几十个实验,把产生感应电流的情形概括为五类:变化的电流、变化的磁场、运动的恒定电流、运动的磁铁、在磁场中运动的导体,并把这些现象正式定名为电磁感应。

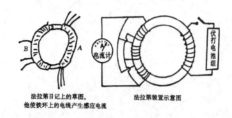

法拉第日记上的草图,
他使铁环上的电线产生感应电流

法拉第装置示意图

图 3 - 4 - 2

电磁感应现象的发现激励着法拉第进一步去探究如何才能获得持续的电流。于是他又设计了如图3-4-3所示的实验装置，法拉第将金属圆盘看成由无数根长度等于圆盘半径的导线组成，如果使金属圆盘在磁极间不断地转动，每根导线都在做切割磁感线运动，便能产生持续的电流，这就成了世界上最早的发电机模型。

图 3 - 4 - 3

 点金石

探 究 能 力

法拉第电磁感应现象的发现是他十年艰苦探究的成果，正是这一成果的发现，为发电机的诞生打开了大门：在电磁感应现象里，有着机械能转化为电能的过程。这就是法拉第探究能力的伟大贡献，开创了人类的又一次伟大革命，使人类步入了电气化的新时代。

探究能力，作为人们探索、研究自然规律和社会问题的一种综合能力，通常包括发现和提出问题的能力、收集资料和信息的能力、建立假说的能力、进行社会调查的能力、进行科学观察和科学实验的能力、进行科学思维的能力等。它是还原物理学家发现规律过程所必须具备的能力，是你进行研究性学习的重要方式，是21世纪人才的必备素质之一。对探究能力的培养，是当前我国教育创新中的一大任务。

1. 追求探究效果

有效和高效的课堂对科学探究而言，就是要努力提高探究活动的层次和水平。这里说的层次是指从低到高的验证性探究、结构化探究、引导性探究和开放式探究这四个层次；这里说的水平是指你必须掌握的如提出问题、猜想假设、制订计划、设计实验、收集数据、分析论证、得出结论、交流评价等方法技能的水平。通过提高探究活动的层次和水平来提高你的探究能力。探究能力要求如表3-4-1所示。

表 3-4-1

探究层次	提出问题	探究目标	实验器材	探究过程	问题讨论	能力要求
验证性探究	教师给出	教师给出	教师给出	教师揭示	教师揭示	很低
结构化探究	教师给出	学生发现	教师给出	教师提示	教师提示	较低
引导性探究	教师给出	学生提出	学生选择	学生自主	学生自定	较高
开放式探究	学生提出	学生提出	学生自找	学生自主	学生自定	很高

（1）验证性探究：它是验证猜想、假设或以前学过的知识是否正确而进行的探究。它是在猜想、假设以后设计的方案及其实施过程，是科学探究中最低层次的探究，很适合探究的起步阶段，它是探究的基础。树人少科院初一学生刚起步的探究，就立足于这种验证性探究，它对学生能力的要求不高，容易获得成功。在一个月以后学生基本上掌握了探究的过程和要求后，可进入下一阶段的探究，让探究能力提升一些。

（2）结构化探究：它是为学生提供问题和过程，让学生通过自己收集数据、得出结论而进行的探究。将验证性探究转化为结构化探究，只要将上述过程按下列步骤进行微调即可。①将研究课题变成一个可以激发好奇心的问题。②删除所有能提供解答线索的内容，如探究目标等。③本探究活动必须在阅读教材之前开展；在确定探究课题之后，让你通过调查研究来构建相关的科学概念。在探究活动之后，再由教师介绍相关概念的细节。要求你从自己收集到的数据中总结出结论，代替原来直接提供的探究目标，并引导你最终发现预定的探究目标。这类探究能力的要求虽然与验证性相比有了一定的提高，但相对而言，其能力要求还是比较低的，半个学期后就可进入第三阶段。

（3）引导性探究：它是为你提供问题，但要求你自己制订计划、设计实验、收集数据、得出结论而进行的探究。将结构化探究转化为引导性探究，必须具备下列两个条件：一是你是否具有制订计划、设计实验的背景知识，二是你是否能有多种方法来探究这个问题。如果满足上述条件，可按下列步骤操作：①将相关的实验过程和数据表格都删除。②给你提供探究的问题和可能用到的实验材料清单，供你选择。③引导你考虑哪些变量是相关的，并如何定量地去测量它们。④给你提供充分的时间去设计实验。⑤教师巡视你的实验过程，并给予相关的指导，可以向你提一些启发性的问题，如："你在做什么？""你想做什么？""如果这样，你觉得会发生什么？"

（4）开放式探究：这是让你自己提出问题、制订计划、设计实验、收集数据、得出结论而进行的探究。将引导性探究转化为开放式探究，其关键是你能否自己提出"合适"的问题。这里的"合适"有两层意思：一是指所提出的问题必须是一个适合探究的科学问题，二是指这些问题必须是从日常生活、自然现象或实验观察中发现并通过探究可以得出结论的问题。这里所说的开放式探究，指的就是提出问题的开放性。它可以是根据所创设的情景而提出的假设性问题;可以是根据观察的现象而提出的联想性问题;也可以是在对几个物体或事物分析后而提出的比较性问题;还可以是试图寻找不同的方法或措施而提出的改进性问题;更可以是利用联想或想象推测事物的可能性而提出的创新性问题。

例如,学校新建了微格教室,用于课堂教学的研究和观摩,如图3-4-4所示。它与观摩室隔离,两室之间墙体的隔音效果特别好。利用该情景,从中提取"墙体的隔音效果特别好"这一有用信息,然后我们可以提出什么问题呢? ①墙体为什么能隔音? ②墙体使用了什么样的隔音材料? ③墙体外面是否安装了隔音板? ④影响材料隔音效果的因素有哪些? ⑤隔音效果与其材料的密实程度有关吗? ⑥隔音效果与其材料内部的空隙大小或多少有关吗? ⑦不同材料传播声音的效果有什么不同? 针对上述的七个问题,同学们进行交流评价:问题①、②、③是较低层次的问题方式,而且不适合探究。因为问题①把信息转化成问题时,只是简单地把有用信息加了一个问号,没有将其转化成一个科学问题,缺乏明确的探究方向,给后续探究带来了困难。问题②和③没有探究价值,只要查看一下微格教室的施工资料就水落石出了。其实,要将信息或现象演变成一个可供探究的科学问题,需要对信息或现象作进一步的思维加工。如:声音→传播→介质→隔音。这样经过思维加工后就可以提出如④、⑤、⑥、⑦这样的问题,它们才是该课题进行开放式探究的源头活水。在这种探究层次的训练下,你的探究能力就会大幅度提升,你就可以独立申报课题,进行科学探究,并参加各级各类的成果展示与评比,获奖的机会也许离你不远了。

图3-4-4

2. 开展课题研究

树人少科院成立之初,在抓好普及的基础上,以活动为载体,以小课题研究为导向,举办了小硕士课题研修班,提高课题研究的质量,培养学生的探究能力。

(1)确定研究课题:将调查思考的问题转化为研究课题,将教材上的部分弱化知识升华为研究课题,是进行课题研究的出发点。

（2）组建研究共同体:13位学生成立了"扬州桥梁的调查与研究"共同体,确定了共同体的负责人,并建立研究小组,各司其职。

（3）课题研究过程:有的小组网上查询、进行分类;有的小组实地调查、列表比较;有的小组制作模型、实验探究;还有的小组请教专家、科学分析;最后进行交流评估、撰写论文。使该课题的研究既具有可行性、科学性,又具有趣味性、成功感,很受学生的欢迎和喜欢。实验探究小组的学生制作了润扬大桥的悬索桥、斜拉桥模型,如图3-4-5所示,并做了承载模拟实验,如图3-4-6所示,测得的实验数据如表3-4-2所示。

悬索桥模型　　　　　　　　　　斜拉桥模型

图3-4-5

图3-4-6

表3-4-2

桥的类型	悬索桥			斜拉桥		
承载砝码的质量 m/g	20	50	100	20	50	100
模型桥的跨度 L/cm	33.5	33.5	33.5	33.5	33.5	33.5
桥梁离模型底座的距离 d/mm	22.5	22.5	22.5	19.1	19.1	19.1
加载后桥梁离底座的距离 d'/mm	22.0	21.1	19.8	18.0	16.2	13.9
桥板下凹的深度 h/mm	0.5	1.4	2.7	1.1	2.9	5.2
桥的承载能力比较	强			弱		

（4）实验探究结论:由表中数据可知,在跨度和承载相同的条件下,桥板下凹的深度悬索桥比斜拉桥要小,说明悬索桥比斜拉桥的承载能力强。由于润扬大桥南北段的江面宽度不同,悬索桥所处的江面宽,桥的跨度大,对承载力的要求高,所以江面宽的南段设计为悬索桥是科学的、合理的。

（5）展示探究成果：该研究来自初中学生，用自制模型进行实验探究，验证润扬大桥南北两段分别采取悬索桥和斜拉桥的设计是科学的、合理的，其本身研究的方法也是科学的、合理的，符合初中学生的认知规律的。该实验成果在 2010 年中国少年科学院的小院士论文答辩活动中取得了好成绩，课题主持人都获得了中国少年科学院"小院士"的荣誉称号。同时，该成果在江苏省少年科学院小哥白尼科技创新奖评选中获得一等奖，还被扬州市教育局评为中学生优秀学习共同体一等奖，其获奖证书如图 3-4-7 所示。

图 3-4-7

探究过程

1. 发现并提出问题

要善于从日常生活或学习过程中发现有价值的问题，并能清楚地提出探究的问题。例如，在茂密的树荫下玩耍时会发现地面上有许多圆形的和非圆形的光斑。学了小孔成像知识后，知道小孔所成太阳的像应该是圆形的，那为什么有些会是非圆形的呢？对此，可提出下列问题：①非圆形光斑的形成原因是什么？②小孔所成的像与孔的形状有关吗？③与孔的大小有关吗？④与物距有关吗？⑤与像距有关吗？

2. 猜想与假设

对问题可能的答案作出猜想与假设。例如针对问题，你可能作这样的猜想：①非圆形光斑可能源于小孔离地面太近。②非圆形光斑可能源于小孔太大。

3. 制订计划和进行实验

接下来，可以在老师的指导下或通过小组讨论提出验证猜想或假设的活动方案。

例如,为了验证猜想①,你可以先制作小孔成像仪,如图3-4-8所示,并制订下列方案:(1)地面上固定一张倾斜放置的白纸板作光屏,让太阳光正对光屏。(2)移动插片,直到在光屏上看到一个圆形的光斑为止。(3)让插片

图 3-4-8

逐渐靠近光屏,到光屏上的光斑由圆形慢慢变成方形时,测出此时插片离光屏的距离s,即小孔成像的临界值。(4)替换其他6张插片(方形孔逐渐最大),再分别测出相应的临界值s。

4. 收集证据

独立或与他人合作,对观察和测量的结果进行记录,或用图表的形式将收集到的证据表述出来。例如,上述实验测得的数据如表3-4-3所示。

表 3-4-3

小方孔的边长 a/cm	0.2	0.3	0.4	0.5	0.6	0.7	0.8
临界值 s/cm	16.1	36.3	64.2	100.6	144.3	196.2	256.4

5. 解释和结论

对事实或证据进行归纳、比较、分类、概括、加工和整理,判断事实、证据是肯定了假设或否定了假设,并得出正确的结论。例如,分析表中数据可知:临界值随小方孔边长的增大而增大,即出现非圆形的光斑的原因是插片到光屏的距离小于临界值。可能是小孔离地面太近或小孔太大造成。所以两个假设都成立。

6. 反思与评价

对探究结果的可靠性进行评价,对探究活动进行反思,并提出改进措施。例如,将表中数据作适当修改,即去掉临界值的小数,分别为16、36、64、100、144、196和256(单位是cm),就可以找出小方孔的边长a与临界值s之间的数学关系:$s=400a^2$。因此可知小孔成像的条件是:临界值s远大于小方孔的边长a。

7. 表达与交流

采用口头或书面形式将探究过程和结果与他人交流和讨论。在具体探究中,探究要素可多可少,根据需要可以是全程式的探究,也可以对部分要素进行探究。

例如,上述探究加深了对"小孔"内涵的理解:原来的认识是小孔成像的条件是孔要足够小;探究后的理解是这个"小"是相对于孔到光屏的距离而言的。

解密室

成才之木

　　探究能力，作为人们探索、研究自然规律和社会问题的一种综合能力，通常包括提出问题的能力、收集资料和信息的能力、建立假说的能力、进行社会调查的能力、进行科学观察和科学实验的能力、进行科学思维的能力，等等。它是科技创新人才的必备能力，由于它生机萌发，成了成才之木。学生多多参加课题研究活动，可以提高探究能力。树人学校每年组织学生经过"班级→年级→校级→市级→省级→全国"这六层的选拔和推荐，最后参加中国少年科学院"小院士"课题研究成果展示与答辩活动，极大地调动了学生的探究热情，提高了学生的探究能力。从 2009 年至今，已有 78 位学生成为中国少年科学院"小院士"，其中 4 位学生被表彰为"全国十佳小院士"。相信你也能行！

演练场

小试牛刀

　　通过本节的学习，你对自己的探究能力有何评价？请撰写一篇"我的探究能力"千字文，让你的父母给其作出"合格、优秀、点赞"的评价。

第五节　提升创新能力

小故事

创 新 设 计

　　2014 年 12 月，韦康、戴苇杭、申一民等同学参加了在北京大学举行的国际青少年创新设计大赛中国区复赛。他们围绕南极的地理环境，设计了一个南极科考站的结构模型，并进行现场测试和成果展示，如图 3-5-1 所示。其中图 A 是中国区复赛的会标，图 B 是他们获得综合一等奖的奖杯照片，图 C 是他们获得中国区复赛一等奖的证书，图 D 是承重测试该模型时的照片。图 E 和图 F 是参赛的结构模型。

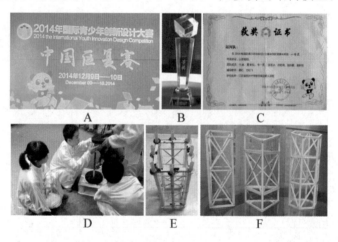

图 3-5-1

　　比赛结束后，他们三人对该比赛的过程进行了反思，提出了结构模型设计指标的两个创新概念。利用比值定义法，将承载率 P 定义为结构模型能承载压物的最大质量 M 与其自身质量 m 的比值，用公式 $P=M/m$ 来表示，其内涵是结构模型在承载测试情况下的压力效应。将容积率 Q 定义为结构模型的容积 V 与其自身质量 m 的比值，用公式 $Q=S/m$ 来表示，其内涵是结构模型空间的利用效益。他们还设计制作了承载测试器，开展"结构模型设计指标影响因素的实验探究"，该成果充分体现了韦康等三位学生的创新能力，所以又荣获江苏省人民政府青少年科技创新培源奖和全国青少年科技创新大赛二等奖,如图 3 - 5 - 2 所示。

图 3 - 5 - 2

 点金石

创　新　能　力

创新是引领发展的第一动力,需要有创新能力的人去实现。所以,学校教育的主要抓手就是培养学生的创新能力,它是科技创新人才早期培养的最主要、最关键的能力。

1. 课堂教学渗透创新意识

创新教育的核心是解决如何培养学生的创新意识和创新能力的问题。其中首先解决的是培养学生的创新意识,它是指人们根据社会和个体生活发展的需要,引起创造前所未有的事物或观念的动机,并在创造活动中表现出的意向、愿望和设想。

树人学校培养学生的创新意识是从课堂教学中激发学生的好奇心开始的。比如:抓住初二物理引言课这一启蒙教育的最佳时机,从"悬、魔、怪、惊"出发,激发学生的创新意识,提升学生的创新能力。

(1)悬判蜡烛实验:教师拿出长短不同的两支蜡烛、细而高的透明塑料罩和粗而矮的透明塑料盆,并将两支蜡烛同时点燃,如图 3 - 5 - 3 所示。然后提出问题:"请同学们猜一猜,扣上塑料罩或盆后,哪支蜡烛先灭?"大部分同学都猜长蜡烛先灭,在同学们的期待之下教师扣上粗而矮的塑料盆,如图 A 所示,实验结果是短蜡烛先

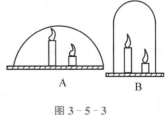

图 3 - 5 - 3

灭。少数猜对的学生露出得意的欢呼。教师重新再做一次实验,将细而高的塑料罩扣上,如图 B 所示,实验结果却是长蜡烛先灭。学生在好奇心被激发的氛围中明白了"实验结论的得出是有条件"的道理。由于这个道理是在初中物理的第一堂课、第一个实验中得到的,是在好奇中深刻体验到的,其创新意识会深深影响学生。

(2)魔箱奥秘实验:教师取出一个如图 3-5-4 所示的魔术箱,将一张名片从 P 处插入箱中,但箱中却不见名片。然后让学生猜想:若将名片从 Q 处插入箱中,能发现什么?学生好奇,但不知所以,实验结果发现箱中有两张相同的名片,学生的好奇心顿时油然而生。此时教师立即说明:"我们将在第三章学习了平面镜的相关知识后,就能明白其中的道理。"

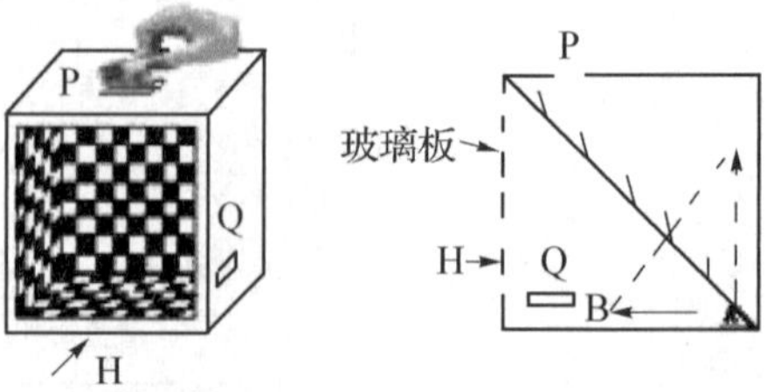

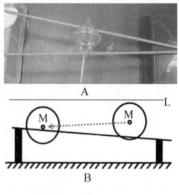

图 3-5-4

(3)怪坡不怪实验:取两个大型漏斗,口对口对齐后以胶带粘贴固定,就制成一个双锥体。再用两根金属棒排列成"V"形,做成一端高一端低的斜坡,高端两棒间的距离可改变。拉大高端两棒间的距离,然后把双锥体放在双棒轨道的中间,如图 3-5-5 中的图 A 所示。教师用手按住设问:"放手后双锥体将向高处滚还是向低处滚?"学生异口同声地回答:"滚向低处。"演示结果让学生感到奇怪:双锥体竟然一反常态,由低处滚到了高处。学生们的好奇心被激起。然后教师用图 B 所示的水平红线 L 作参考,可揭示其中

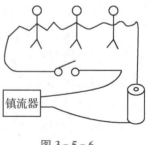

图 3-5-5

的奥秘。其实双锥体相对水平红线 L 的运动是从高处(右边)滚到了低处(左边)。此时教师说明:"我们学习了力学的相关知识后就能完全明白其中的道理。"

(4)惊震全班实验:教师先请课代表上台,用双手同时与一节 1.5 V 的新干电池的两极接触,向全班同学汇报有没有什么异样的感觉。然后让 8 个学生上台手拉手连成一排,再请课代表将干电池、开关、日光灯上的镇流器用导线将它们和首尾两位同学的手相连,如图 3-5-6 所示。教师闭合开关再问学生有没有异样的感觉?学生异口同声地大声回答:"没有异样的感觉。"此时教师迅速断开开关,这些连成一排的学生都有被电击的感觉。其他学生受好奇心的驱使,纷纷上台实验,体验这种感受。教师也乘势交代:"这是电磁感应现象,在线圈两端可产生高达上万伏的电压,所以会造成强烈的电击感觉。当然由于这时通过人体

图 3-5-6

的电流时间很短,所以不会发生危险。发电机就是根据这一现象制成的。"

学生在上述四个实验的"悬、魔、怪、惊"刺激下,其创新意识被激发,会带着好奇心,从课内延续到课外,参加少科院的科技创新活动,提升创新能力。

2. 课外活动提升创新能力

课外活动既是课堂教学的延伸,更是创新能力充分展示的平台。

(1) 蜡烛熄灭实验创新:课堂教学中的蜡烛实验激发了学生课后的创新热情。包昕玥同学将"一长一短的两支蜡烛"创新为"高度不同的五支蜡烛";将"玻璃罩的一种密封设计"创新成"无液封、水封、油封这三种密封设计",将"观察两支蜡烛谁先熄灭的实验"创新为"二氧化碳在密封玻璃罩内分布变化规律的实验探究",该探究成果"蜡烛熄灭实验"在《青少年科技博览》杂志上发表,如图 3-5-7 所示。

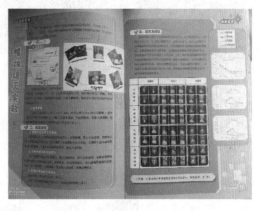

图 3-5-7

(2) 小孔成像实验创新:课堂教学中的小孔成像是以点燃的蜡烛为研究对象,少科院的学生用自制的小孔成像仪,将"观察点燃的蜡烛"创新为"观察扬州文昌阁",将"研究小孔成像的特点"创新为"探究小孔成像的原因以及像与孔的形状、大小、物距、像距之间的关系"。吕东宸用自制圆形和方形的小孔成像仪观察文昌阁,

图 3-5-8

如图 3-5-8 所示,测量得到的有关数据如表 3-5-1 所示。

表 3-5-1

次数	像距/cm	孔径/mm	物距/m	像的大小	像的清晰度	像的亮度
1	10	1.6	200	太小	有像,像太小且模糊	亮
2	15	1.6	200	很小	较清晰	亮
3	20	1.6	200	较小	较上次清晰	亮
4	25	1.6	200	小	较上次清晰	亮
5	30	1.6	200	较大	较上次清晰	较亮
6	35	1.6	200	大	较上次清晰	较暗
7	40	1.6	200	很大	较上次清晰	暗

后来,他还将小孔成像仪创新为针孔摄像仪,其主要构造如图3-5-9所示。

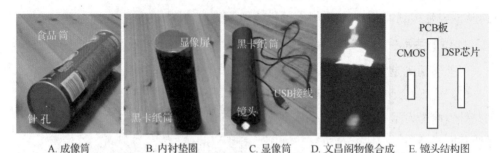

A. 成像筒　　　　B. 内衬垫圈　　　　C. 显像筒　　　　D. 文昌阁物像合成　　　E. 镜头结构图

图3-5-9

针孔摄像仪采用镜头转换、电脑显像,使小孔成像技术得到拓展延伸。小孔成的像能直接在电脑上显示,清晰度高,还能长期妥善保存,如图3-5-10所示。

图3-5-10

这样一来,还能发挥电脑的优势,将所拍摄得到的图像进行艺术性处理,以增强趣味性和对比感。用镜头直接拍摄的文昌阁照片与用本仪器拍摄到的文昌阁的小孔成像进行整合,成为"一半是照片一半是像"的物像合成图,如图3-5-9中的图D所示。

吕东宸同学还有3项国家专利,被评为中国少年科学院小院士,如图3-5-11所示。

(3)液体压强实验创新:传说明朝开国皇帝朱元璋曾得到一只"九龙杯",在一次宴请文武大臣的宴会上,给几位心腹大臣添满了酒,而对其他一些大臣则倒得浅浅的。结果那几位添满酒的大臣,御酒全部从"九龙杯"的底部漏光了,而其他大臣都高兴地喝上了皇帝恩赐的御酒。后来方知此杯盛酒最为公道,知足者水存,贪心者

图3-5-11

水尽。那九龙杯的原理是什么呢？张馨之同学为了揭开九龙杯的奥秘，将学到的压强知识与九龙杯的传奇故事相结合，设计了如图 3-5-12 所示的实验。

她用剪刀将一个饮料瓶(图 A)剪成两半，用剪刀在杯盖上打一个小孔，然后插入一根可以弯曲的吸管，弯成倒 U 形(图 B)，并将它们组合在一起(图 C)，然后向塑料杯内注水，用另一半放在下面收集水，在水位到达吸管的拐弯处前某一时刻，观察底部吸管是否有水流出，观察并记录实验情况(图 D)。继续注水，当水位高于吸管的拐弯处时，观察底部吸管是否有水流出，记录实验情况。某一时刻底部吸管中开始有水流出，观察并记录水何时停止流出，其实验结果如表 3-5-2 所示，将其画成函数图像，如图 3-5-12 的图 E 所示。

图 3-5-12

表 3-5-2

注水情况	未达到吸管拐弯处	高于吸管的拐弯处	低于较短的吸管口
实验现象	水不会流出去	水通过底部的吸管流出去	水停止流出

当塑料杯里的水位低于吸管的拐弯处时，在水和空气的共同作用下，水会被挤进倒 U 形吸管较短的那截，并与杯中的水位保持水平，此时水不会流出来。继续加水，水位升高，压力增大时，吸管里的水就会向吸管弯曲的部分流去，直至流出吸管。经过搜索资料，发现九龙杯不能满杯的原因是虹吸原理。虹吸现象是液态分子间引力与位能差所造成的，即利用水柱压力差，使水上升后再流到低处。由于管口水面承受不同的大气压力，水会由压力大的一边流向压力小的一边，直到两边的大气压力相等，容器内的水面变成相同的高度，水就会停止流动，利用虹吸现象很快就可将容器内的水抽出。

信息窗

创 新 教 育

1. 创新教育的内涵

（1）定义：创新教育是以学生的创新活动为教育基础，以培养创新人才和实现学生全面发展为目的的教育。

（2）内涵：①以培养创新人才为主要目的。②创新人才的主要特征是创新精神和创新能力。③创新精神主要由创新意识、创新品质构成。④创新能力则包括人的创新感知能力、创新思维能力、创新想象能力。⑤二者关系：创新精神是影响创新能力生成和发展的前提，创新能力则是丰富创新精神的技术保证。

2. 创新教育的实施

（1）方法：从培养创新精神入手，以提高创新能力为核心，带动学生整体素养的自主构建和协调发展。

（2）依据：创新精神和能力不是天生的，它虽然受遗传因素的影响，但主要在于后天的培养和教育，也就是创新教育。

（3）过程：充分发挥学生主体性、主动性，成为学生不断认识、追求探索和完善自身的过程。这也是培养学生独立学习、大胆探索、勇于创新的过程。

（4）内容：致力于培养学生的创新意识、创新能力和创新精神。

展示台

成 才 之 火

创新能力是一种能够利用现有的知识和物质，在特定的环境中，本着理想化需要或为满足社会需求，而改进或创造新的事物，并能获得一定有益效果的一种行为能力。它是科技创新人才必备的最高级别的能力。树人学校用学生创新成果的获奖档次来衡量其创新能力的水平，使一大批科技创新型早期人才脱颖而出，已有 2 位学生荣获用邓小平稿费作奖金的中国青少年科技创新奖,3人获江苏省人民政府科技创新培源奖,11人成为江苏省科技创新标兵,12人获扬州市人民政府青少年科技创新市长奖,2 000多名学生获市以上等级奖,如图3-5-13所示。

图3-5-13

从五行学说的视角看,创新能力具有能量爆发之功,是成才之火,必须引起你的高度重视。希望你积极创造条件,将图中的相关证书也收入你的囊中。

 演练场

小 试 牛 刀

通过本节的学习,你对创新能力、创新人才有何认识?请撰写一篇"我的创新能力"千字文,让你的父母给其作出"合格、优秀、点赞"的评价。

瞭望角

本章总结

综观上述各节所述,你是否已经体会到学力对你一生的影响是多么的重要?你应将其作为造血工程加以打造,因为它是你成才的根本保证。它主要由自学能力、自我教育能力、实践能力、探究能力和创新能力这五个基本能力有机结合而成。其中的自学能力和自我教育能力是你能否实现自动化学习的主要标志。实践能力是你解决实际问题而必备的能力。探究能力是你探索、研究自然规律和社会问题的一种综合能力。创新能力则是你利用现有的知识和物质,在特定的环境中,本着理想化需要或为满足社会需求,而改进或创造新的事物,并能获得一定有益效果的能力。创新能力是你能否成为科技创新人才的试剑石。

为了提高你的自学能力,应以自学成才的著名数学家华罗庚为榜样,从知、情、行、恒这四个方面入手,采取提高认识抓"知"、激发兴趣抓"情"、教给方法抓"行"、培养习惯抓"恒"的成才方法。需知:学校生活不足你一生的四分之一,你人生是否活得精彩的其他四分之三全靠你的自学能力。

自我教育能力是你通过认识自己、要求自己、调控自己和评价自己而具有的自己教育自己的能力。它是你成才能力中最关键的能力。你要励志成才,就得培养自我认识能力,提高鉴别是非能力,提升自我评价能力,增强自我践行能力。

实践能力是你在日常活动、问题解决、适应挑战等方面所形成的一种能力。你要想成为一位名副其实的科技创新人才,就得在学生时代做好充分准备,切实提高自己的实践能力,它是你适应生活、立足社会、促进自我成长的长久之计。

探究能力是你探索、研究自然规律和社会问题的一种综合能力,是你进行研究性学习的重要保证,也是科技创新人才的必备素养。其中发现和提出问题的能力、收集资料和信息的能力、建立假说的能力、进行社会调查的能力、进行科学观察和科学实验的能力、进行科学思维的能力等都是你应该具备的。

创新能力则是你能否成为科技创新人才的最主要、最关键的能力。你要成为一名货真价实的科技创新人才,从现在起,就得训练自己的创新感知能力,培养自己的创新思维能力,丰富自己的创新想象能力,积极参加各级各类的科技创新大赛,来提高自己的创新能力。

收获篇

再 试 牛 刀

通过本章的学习与总结,你对关键能力的秘密是如何解读的? 请撰写一篇"我的关键能力"千字文,让你的父母给其作出"合格、优秀、点赞"的评价。

提起聪明人,人人都羡慕和向往。无论是老师、家长或学生,都希望学生、孩子或自己能思维敏捷、才智过人。其实自小聪明的人,在历史上大有人在,司马光7岁时就能破缸救友而成为千古美谈。

我们分析一下司马光破缸救友的聪明之处:①敏锐的观察力使他觉察到水缸中的好友有生命危险。②记忆力告诉他水是会淹死人的。③丰富的想象力让他明白只要好友露出水面呼吸到空气就会得救。④注意力将他的目光移到缸旁的石块上。⑤思维力告诉他只有用石块砸破水缸,水才会往外流。⑥创造力使他勇敢地抱起石块,将水缸砸破,水从缸内流出而好友得救。

我们将上述这六个思维过程的关键词找出来,那就是:观察力、记忆力、想象力、注意力、思维力、创造力。人要变得像司马光那样聪明,就得将观察力、记忆力、想象力、注意力、思维力和创造力开发起来,我们将之称为智慧工程。注意力为智慧的窗户,观察力为智慧的眼睛,记忆力为智慧的仓库,思维力为智慧的核心,想象力为智慧的翅膀,创造力为智慧的花朵。

第一节　打开智慧窗户

 **小故事**

晚自习课

有位走上教育岗位不久的年轻教师在他的日记本上记下了这样一件事。有一天,他晚自习课值班,发现学生在做作业时出现了两种截然不同的情况:有的学生注意力非常集中,作业不仅做得正确,而且书写端正、思路清晰、速度很快。有的学生却心不在焉,东张西望,一会儿抠抠指甲,一会儿玩弄学习用品;或时不时地找人打岔,听别人谈话;或托着下巴想入非非,或晃着身子东摇西摆,或哼着小调,悠然自得;分量不多的作业,拖到晚自习课结束还没有完成;即便完成了还是丢三落四、思路混乱、书写潦草、错误不少。

后来,他对这些学生进行了持续观察,在一个月后的日记本上又作了这样的描述:通过昨天的月考分析,我发现学生成绩的优劣与做作业时注意力的集中与否大有关系,而且是决定性的关系。该班月考前 20 名的几乎全部是做作业时高度集中注意力的学生。

点金石

注 意 能 力

这位老师的日记说明做作业需要集中注意力。其实,注意也是人的一种能力,即注意能力,简称为注意力。只有注意力高度集中了,做作业才能做得准、做得快。不单是做作业,平时的读书、上课、复习、讨论、观察、实验、制作乃至开展各种科技活动,同样需要注意力。它是你掌握知识、发展能力的先决条件。心理学家乌申斯基曾形象地把注意力比作一扇"门",凡是从外界进入心扉的东西,都必须通过它。由此可见:注意力是认识客观事物、学习知识、掌握知识、发展能力的先决条件,是展示聪明才智的窗口,是开发智力的主要心理因素,必须引起你的高度重视,切莫等闲视之。

1. 注意的特征

注意有两个基本特征:一是指向性,二是集中性。

(1) 指向性:是指心理活动对客观事物的选择。人们在觉醒状态时,周围的客观事物是很多很多的。但是,人们在某一时刻并不把这些客观事物都作为自己心理活动的对象,而只是选择一些有意义的、符合自己需要的和与当前活动相一致的客观事物,避开其他无关的甚至有害的影响,从而使自己的心理活动有着明确的指向性。

我国著名数学家陈景润(图 4-1-1)在学生时代就立下了攻克世界数学难题"哥德巴赫猜想"的宏愿。有一次,他一边走路,一边聚精会神地思考数学问题,猛然间撞在一棵大树上,却惊讶地问道:"是谁撞了我呀!"

这位屈居于 6 平方米小屋的数学家,借一盏昏暗的煤油灯,伏在床板上,用一支笔,耗去了 6 麻袋的草稿纸,攻克了世界著名数学难题"哥德巴赫猜想"中的"1+2",创造了距摘取这颗数论皇冠上的明珠"1+1"只是一步之遥的辉煌。

图 4-1-1

(2) 集中性:是指人的心理活动在特定方向上的保持和深入。也就是说,使自己的心理活动稳定在自己所选择的对象上,一直达到目的为止。一些专家曾对智力超常的孩子进行了大量的观察和研究,发现这些孩子的共同特点是注意力特别稳定和集中,具有很大的主动性。这类孩子从很小的时候起,做事情就专心一致,很少受外界干扰的影响。

2. 注意的品质

如果你要了解和考察自己注意力的状况和发展水平,可从注意的品质入手,从以下四个方面进行分析。

(1) 稳定程度:就是说自己能否在较长的时间内把注意力集中在同一件事物上或稳定在同一项活动上。以你的学习为例,如果你能在较长的时间内专心致志地看书、作业、复习,从而获得丰富的系统知识,很好地完成了学习任务,说明你的注意力很稳定。反之,如果你在学习时容易分心,获得的知识势必零散不全,完成学习任务也就相当困难。这就表明你注意的稳定性差。心理学研究表明:在良好的教育环境下,三岁幼儿的注意力可连续集中 5 分钟,小学生可以连续集中半个小时左右,初中生可保持 45 分钟,高中生保持一个小时稳定的注意力是完全可以做到的。以此标准来判断你注意力品质的优劣就十分清楚了。

(2) 分配能力:这是指自己能在同一时间内注意两个或两个以上的事物或者能重视两种或两种以上活动的能力。例如在上课时,你一边认真听课,一边动手实验,一边及时记录,就是注意的分配问题。就是要一心能二用甚至多用,这似乎与一心不能二用有矛盾。事实上,在你掌握了实验的技巧、书写的技能的基础上,边听课,边实验,边记录是完全可以做到的。就可以在同一时间内,以较少的时间和精力从事较多的活动。这就可以说明你的注意力分配能力是很强的,你的学习效率也就可想而知了。

(3) 范围大小:这是指自己在同一时间内清楚地感知事物的数量。如在主题班会上,你演讲时能眼观六路、耳听八方、目扫全场,就说明你注意的范围很大。反之,如果演讲时只顾埋头念讲稿,或只注视极少数同学,你注意的范围就小。事实上,注意范围的大小往往会受到被知觉对象的影响。以阅读为例,若把文字按照一定意义组成词或词组,再按语法规则组成句子和文章,阅读起来,注意的范围就大。若把互不关联的字一个个排列起来,阅读时注意的范围就小。所以注意范围的大小将直接影响在同一时间内获取知识经验的多少。因此,努力扩大注意力的范围是你迅速获取知识、提高学习效率、优化注意品质的明智之举。

(4) 转移状况:这是指注意能否根据新的任务,及时、主动、迅速地从一个对象转移到另一个对象上。例如你正在家里兴高采烈地玩耍,或正在聚精会神地观看电视里面的足球比赛时,你的父母让你回书房做作业。如果此时你能马上专心致志地坐下来,认真地看书写字,这就说明你具有较好的转移注意的能力。如果你虽然已经回到书房拿起书本,但是头脑中还在想玩耍中的乐趣或足球赛场上的精彩一幕,书本中的内容一点也念不进去,这就说明你转移注意的能力比较差。因此,提高注意的转移能力,就能使自己迅速、及时、正确地把注意集中指向于智力活动,就能自觉地把注意力从一门学科及时地转移到另一门学科,从而增强你学习的主动性,提高时间的利用率,这对提高你的学习效率是大有帮助的。

3. 注意力的训练

既然注意力如此的重要,那么怎样才能通过训练来提高注意力呢?

(1) 明确任务:一位心理学家曾经做过这样一个实验:在受试者面前设置一面屏幕,上有一个窗口,窗口后面有一个由曲轴带动的长纸带,纸带上面画有许多小圆圈,以每秒钟 3 个圆圈的速度通过窗口。受试者的任务是用铅笔把从窗口通过的小圆圈勾去。实验结果证明如果受试者能对实验目的和任务有明确的认识,就能在长达 20 分钟的时间内毫无错误地进行操作。它说明这样一个道理:当你对自己的学习或工作有了明确的目的、具体的任务时,你就会提高自觉性、增强责任感、集中注意力,即使在注意力即将分散的一瞬间,你也会立刻引起自我警觉,把将要分散的注意力集中起来。

(2) 培养兴趣:经验表明,人们感兴趣的往往是契合实际的、对之略有所知却又并不完全了解的东西,而这些东西又往往能引起人们的注意。因此有人说"注意和兴趣是一对孪生姐妹"是不无道理的。如果你对学习没有浓厚的兴趣,对学习漠然置之,上起课来就很难集中注意力。相反,如果你对所学的内容有着浓厚的兴趣,就会在大脑皮层上形成兴奋中心,就会将注意力高度集中起来。假如你只对将来要当科学家和工程师感兴趣,并将之当作自己的理想,但对物理、化学却感到索然无味,此时你应该懂得:掌握理化知识是当科学家和工程师的必由之路,那么在学习物理、化学感到注意力分散时,你就会自觉地约束自己,把注意力高度集中起来,将远大理想变为求知现实。

(3) 克服干扰:你在进行学习等智力活动时,经常会遇到许多来自外部和自身的干扰而分散自己的注意力。这里的外部干扰主要是指与你学习无关的声响,分散你注意力的刺激物以及你感兴趣的其他事物等,内部干扰主要是指疲劳、疾病以及和学习无关的思想情绪等,都会使你在学习过程中分散注意力,因此对上述各种干扰因素应

当尽力克服、设法消除。

（4）变换活动：心理学的研究表明单调的刺激最容易分散注意力，使人容易疲劳，甚至昏昏欲睡。反之，多样化的学习活动最能保持注意的稳定，使人精力充沛，不易感到厌倦。马克思在写《资本论》的时候，用做数学题目的方法来变换活动，提高他写作时的注意力。根据这一道理，你在学习的时候，要把看、读、写、做等活动结合起来，交叉进行。在家自学、复习、作业时，把文科、理科的学习安排交替搭配进行，把背诵、朗读与练习、计算巧妙分配。与此同时，你还应学会把紧张的脑力劳动和稍事休息结合起来，做到劳逸结合。

（5）养成习惯：有位心理学家认为要想在课堂上集中注意力，我们还是从一年级就学会的事情开始吧！身体坐正、振作起来、做好听课准备……这样，我们就会非常容易地把注意力集中在老师的讲解上。确实，如果在你学习的时候，把头伏在课桌上听课，身体躺在床上看书，怎么能使你的注意力集中起来呢？因此，作为学生的你，从培养自己良好的坐姿开始，养成良好的注意习惯。俗话说得好：习惯成自然。如果你能尽早地养成良好的注意习惯，自然而然地就会在学习活动中把注意力集中起来并稳定下去，从而出色地完成学习任务。

信息窗

注 意 分 类

注意可以分无意注意、有意注意和有意后注意这三种。

1. 无意注意

它是指自然而然发生的注意。这种注意的保持不需要做任何意志的努力，因而不致引起疲劳。例如，当你在电视机屏幕前观看魔术、杂技、相声、小品或独唱时，神情专注，不时被表演的精彩、幽默、惊险和诙谐逗得放声大笑，甚至高兴得手舞足蹈，这就是无意注意。

心理学的研究表明：鲜艳的色彩、强烈的对比、巨大的声响、刺激的气味，以及具有新、奇、趣、特的事物，最能引起人的无意注意。它与人的需要、兴趣、目标、信念等有关。其中，感兴趣的事物和活动是人们无意注意的源泉。一些学生之所以能在较长的时间里进行生动有趣的活动，观看情节曲折的影片，阅读引人入胜的小说，倾听传神离奇的故事，不分心，不走神，就是因为对这些事特别感兴趣。

2. 有意注意

它是指有一定明确任务或目标的注意,其发生和保持需要人们做意志努力。例如,老师在清明节带学生参观烈士馆,事前讲明要求学生回家后要写一篇日记,描述革命先烈坚贞不屈、可歌可泣的感人事迹。学生在参观时就会带着任务,认真观看馆内的各种实物、图片和文字说明,静心地听取讲解员的讲解,还可能会时不时地做一些记录,这时的注意就是有意注意。因为它有明确的目的和任务,即接受革命传统教育和爱国主义教育,写好日记。在这里,对任务活动的深刻理解,对活动结果的强烈追求,是保持这种有意注意的重要前提。

由此也不难看出:有意注意的保持需要意志的支撑,需要自己强迫自己注意某种事物或活动,所以这种注意时间长了,人会感到疲劳,容易分心,甚至产生倦意,这就更需要坚强的意志和毅力。

3. 有意后注意

它是由有意注意转化而来的,不需要意志努力的注意。但这种注意不同于一般的无意注意,它仍有着自觉的目的,只不过不需要意志努力而已。例如,学生按照老师的要求学习某种知识或技能,开始时必须强迫自己集中注意力。在学习过程中,如果这些知识或技能对他逐渐有了吸引力并使他产生了兴趣,就不再需要紧张的努力,而成为自觉的行动,这时的有意注意就向无意注意转化而成为有意后注意。

因此,有意后注意是一种比较高级的注意,是你开发智力必须追求且一定能达到的注意。

解密室

智慧窗户

你看,图4-1-2中学生们的眼睛是多么炯炯有神、神采奕奕!他们正在倾听我国航天首席科学家龙乐豪院士作的《我与共和国的火箭事业》航天知识科普讲座,如图4-1-3所示。同学们的注意力完全被龙院士的精彩讲座所吸引。请问你在上课时,或在听专家作讲座时,会这样的专心致志吗?

图 4-1-2

图 4-1-3

其实,注意力是你展示聪明才智的一个重要窗口,是你认识事物、接受新知、发展潜能的先决条件。

为了使你变得更加聪明,你应该紧紧抓住注意的指向性和集中性特征,牢牢把握住有意注意、无意注意和有意后注意的特点,通过卓有成效的注意训练来提高你的注意品质,增加你对注意稳定的程度,增强你对注意分配的能力,扩大你注意的范围,促进你对注意的转移。在你的注意力达到一定水平的时候,你就能在接受新的信息、开拓新的领域中胜人一筹,就能作出他人无法比拟的业绩来。

演练场

小 试 牛 刀

通过本节的学习,你对注意及其训练方法有所了解了吗?请撰写一篇"我的注意能力"千字文,让你的父母给其作出"合格、优秀、点赞"的评价。

第二节 擦亮智慧双眼

小故事

仔细观察

早在两千多年前的古希腊,有位好学的青年十分仰慕亚里士多德的大名,不远千里跋涉而去求教。亚里士多德问明这位青年的来意后,拿出一条鱼,让他观察这条鱼有什么特异之处。青年先是一怔,继而一想,这有什么难的,便胡乱地看了一阵,结果什么特异的地方也没有发现。这时,亚里士多德启发他系统而有顺序地仔细观察,这位青年终于发现这条鱼原来没有眼皮。

点金石

观察能力

这个故事告诉我们,观察要得法,才能观而有察。孔子也曾说过:"工欲善其事,必先利其器。"要进行有效的观察训练,必须知道观察的特点,掌握科学的观察方法。现以物理中的实验为例,探究其观察的特点及其培养。

1. 观察的特点

俗话说:处处留心皆学问,说的就是观察力,它有如下特点:

（1）目的性:一个人在进行感知时,只有当那种感知活动具有明确的目的时,它才能算是观察,才能通过开发而成为观察力。就是说,观察要有明确的目的和方向。为什么观察,观察什么,有什么要求,步骤怎样,有哪些方法等,一定要做到心中有数。如观察图 4 - 2 - 1,其步骤为:①观察现象:甲、乙两个房间里各有一个相同

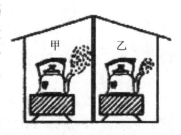

图 4 - 2 - 1

的电炉,相同的两壶水都在冒"白气"。②观察目的:要求判断出哪个房间的气温较高。③观察方向:甲房间壶口冒出"白气"多。④认定标准:水蒸气遇到周围冷的空气而液化成小水滴形成"白气"。⑤进行比较:甲房间里的壶嘴上方的"白气"多。⑥原因分析:"白气"多,说明水蒸气液化多,周围空气温度低。⑦得出结论:"白气"少的乙房间气温高。只有到达了⑦,在你观察目的达到之时,观察力才得到了有效的开发。

(2)计划性:上述的观察,除了目的明确外,其观察的步骤也很到位,这就是计划性。也就是说,要取得预期的观察效果,一定要有计划有步骤地进行,千万不能东看一眼,西听一声。不论是长期的观察,系统的观察,还是短期的、零星的观察。如施珉同学在"废无汞干电池浸出液对小红鱼的影响研究"中对 5 个水槽中的 2 条小红鱼进行观察,将各组鱼呼吸次数、外观、活力、反应以及水体变化等情况,分别记录在两张表中,都是有计划有步骤地进行观察的结果。

表 4－2－1

1　鱼的呼吸次数(计算单位:分钟)

组别	呼吸过程
对照组	呼吸平稳,次数在 42 至 76 之间波动,呼吸时腮盖、嘴部张合幅度不大。
实验组 1	呼吸有起伏,次数在 38 至 86 之间波动,呼吸次数多时腮盖、嘴部张合略大。
实验组 2	呼吸次数在 38 至 92 之间波动,其余同实验组 1。
实验组 3	呼吸有起伏,次数在 42 至 96 间波动,呼吸次数多时腮盖、嘴部张合大,浮头现象频繁。
实验组 4	呼吸有起伏,次数在 34 至 72 间波动,呼吸次数多时腮盖、嘴部张合大,浮头现象频繁。

2　鱼的表现及反应(计算单位:小时)

组别	表现及反应过程
对照组	56 h 内基本无变化
实验组 1	33 h 内基本无变化,36 h 时鳍边缘发白,48 h 时喂食无反应,56 h 内未死亡。
实验组 2	24 h 时背鳍变白,36 h 时有腮部变白现象,48 h 时喂食无反应,56 h 内未死亡。
实验组 3	电池浸出液放入后立刻出现烦躁现象,1 h 时鱼体开始变白,体色逐渐暗淡,光泽逐步消失,鱼鳃周围有黑色沉着物,在 2 h 时出现浮头现象,9 h 时背鳍和尾鳍开始溃烂,24 h 后鱼均浮在水体上方,几乎不游动,反应迟钝,48 h 时发现 A 死亡、B 狂躁,52 h 时 B 复归不动,56 h 实验结束时生命体征微弱。
实验组 4	24 h 内实验组 3 发生的现象均出现,另在 6.5 h 时发现 B 鱼侧翻,24 h 时发现 B 鱼死亡,33 h 以后 A 鱼开始出现跳跃挣扎现象,48 h 后平躺在水体上部,52 h 死亡。

(3)持久性:施珉同学的上述实验,观察时间长达 56 小时,才使观察到的现象对所验证的结论具有可靠、真实、科学、可信的特点。这就是观察的持久性。一个人要在

科学研究中有重大发现,离开了持久性是不可能达到光辉的顶点的。如:达尔文创立进化论,是建立在长达 50 年之久的自然观察基础之上的;天文学家第谷从 1576 年到 1597 年,对天体运动进行了长达 21 年的观察,为开普勒发现行星运动三定律奠定了基础;牛顿的经典力学也是在总结对天体运动的长期观察结果开始的。

2. 观察的途径

翻开科学的发现史,可以看到:科学的发现离不开观察。科学家们正是通过观察,见到了现象,获得了事实,总结成规律,形成了理论。正如巴甫洛夫告诫人们所说的那样:"应当学会观察,不学会观察,你就永远当不了科学家。"由此也不难看出:观察对我们的学习是多么的重要,观察的途径对我们而言又是何等的宽阔。

(1) 社会生活:每个孩子都有强烈的求知欲、好奇心。每时每刻都有大量的、有趣的、激动人心的事物和现象在你的身边发生,如图 4-2-2 所示。而生活本身就是一个绚丽多姿的万花筒。在世界上,再也找不到一位比生活更好的老师。只要你勇于面对你周围的一切,去看、去听、去摸、去嗅,甚至去品尝,就能从中学会观察、获得知识、增长才干。譬如说,你可以利用节假日到动物园、公园、田野、树林或山冈去游玩,观察各种各样的动物、树木、花草、鸟虫和庄稼,然后写篇观察日记,记下虎和猫、猴子和猩猩、孔雀和仙鹤的不同特征,说说青松和绿柳、牡丹和玫瑰、麦苗和韭菜的区别。如果游玩时幸运地捕捉到一只蝴蝶或蜻蜓,你可以观察蝴蝶那五彩斑斓的翅膀,观察蜻蜓那珍珠般透明的眼睛,如图 4-2-3 所示。即使你走在豪华的闹市中,也不要放过观察的机会。观察商店里那琳琅满目的商品,观察那穿红挂绿的人群或疾驶而过的各式各样的车辆,然后用自己的语言尽量详细地描述出来,让陪同你的父母、老师、同学、好友再给出补充和纠正。

图 4-2-2

图 4-2-3

(2) 课本插图:其实看图说话也是一种观察。从小学开始,课本中就有大量的插图供你观察。到了初中,单就苏科版《物理》课本,那些图文并茂、内容丰富、形式多样、涉及面广、趣味性强、场面逼真的插图就有 699 幅之多。其数量之多,篇幅之大,为你的观察力的训练提供了更广阔的空间。图 4-2-4 就是苏科版《物理 9 年级(下)》教材上直流电动机的模型图。你能从该插图中明白直流电动机由哪些构件组成的吗?

（3）自然景观:大自然赋予人类生存最美好的空间,也为你的观察开辟了更为宽阔的通道。一年四季、春夏秋冬、日出日落、阴晴圆缺、雨雪风霜、高山大川、冰天雪地、电闪雷鸣、斗转星移,只要你留心观察,这些壮丽景观都可以尽收你的眼底。譬如说,在月光皎洁的夜空,有一个神奇莫测的世界等待着你去探秘。尤其是在夏季,当夜幕降临之后,你可以和你的父母或邻居,围坐在庭院里观看星星和月亮,你也可以和闪烁眨眼的小星星交个朋友,识别它们处在夜空中的方

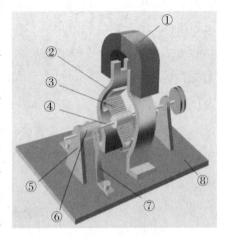

图 4 - 2 - 4

位。随着四季的交替,星星和月亮在不断地变换着位置,如果你在观察天象时,能发现这些星星位置的变化,那就说明你的观察力已经上了一个台阶。

3. 观察力的培养

现代科学研究表明,人脑从外界获得的信息,百分之九十以上是通过眼睛和耳朵获得的。有人把观察比喻为智慧的眼睛,把人的观察能力看成是智力的基石,是不无道理的。既然观察在人的智力活动乃至智力发展中占有如此重要的位置,对于一个励志于成为科技创新人才的学生而言,加强对观察的训练,在训练中逐步提高自己的观察力,就显得尤为重要。

（1）在全面观察中感悟:全面观察是指对某一事物的各个方面都要进行观察,以求对事物有个整体的把握。如在观察每一事物的时候,既要辨别其形状、状态、温度（如物态变化）,又要考虑能量转化、速度大小（如滚摆实验）;既要观察剧烈的现象（如沸腾实验）,又要注意隐蔽的变化（如蒸发实验）;既要观察整体的（如水沸腾前后温度的变化、气泡的多少和大小的变化）,又要注意细部的（如水沸腾前后声音大小的变化）;既要观察持久的（如温度计受热膨胀、液柱上升）,又要注意稍纵即逝的（如温度计刚受热的瞬间液柱下降）;既要注意观察情理之中的（如水的沸点是 100℃）,又要捕捉意料之外的（水在 98℃时也能沸腾）。这样多角度、全方位地对实验现象进行观察训练,才能掌握实验的全貌,也只有全面分析各种现象的内在联系,才会得出合理正确的结论。

（2）从有序观察中品味:有效的观察必须是有序的,因为被观察对象本身的变化活动是按照其自身规律依次出现的。如果观察无序,就难以保证观察结果的全面、具体、科学、合理。如在《测量小灯泡额定功率的实验》中,可按下列顺序进行观察:①先观察小灯泡的额定电压,再选择电源,使电源电压略大于小灯泡的额定电压。②观察

电流表和电压表的零刻度、量程、分度值,然后进行调零,选择量程。③观察滑动变阻器铭牌上的最大电流值和最大电阻值,然后选择合适的滑动变阻器。④连接电路前,先观察开关是否闭合,闭合开关前,滑动变阻器的滑片是否移到阻值最大的位置。⑤观察电流表是否串联在电路中,电压表是否并联在小灯泡两端,两表的正负接线柱是否接错。⑥闭合开关后,观察电路是否出现异常情况。⑦移动滑动变阻器的滑片,观察电压表的指针是否指在额定电压的位置。⑧观察电流表的指针位置。相信你在这8步的有序观察中,观察力一定会有质的飞越。

(3) 在对比观察中提升:这是指为了区别类似现象,把两个或两个以上的事物加以对照比较,进行认真观察,以获得清晰印象的一种观察方法。如图4-2-5是《探究影响蒸发快慢因素》的三组实验。选择图 A,可以探究液体蒸发快慢与温度的关系,在太阳照射下的湿衣服干得快,说明温度高的液体蒸发快;选择图 B,可以探究蒸发快慢与液体表面积的关系,把衣服摊开晾比叠着干得快,说明表面积大的液体蒸发快;选择图 C,可以探究蒸发快慢与液体表面附近的空气流动速度的关系,室外晾晒的衣服比室内的干得快,说明液体表面附近的空气流动速度大的蒸发快。通过这样的对比观察训练,你的观察力会提高的。

A   B   C

图 4-2-5

(4) 从选择观察中鉴赏:就是从多种现象中去选择富有特征的现象作为主体进行观察。而要做到观察有所选择,就必须明确目的,选择易于观察的实验,选择实验中与观察目的关系密切的主要现象,选择观察的方法和次序。如在《探究凸透镜成像规律的实验》中,通过如图 4-2-6 所示的实验进行选择观察,移动蜡烛,观察蜡烛与光屏位置的变化,你就可以得出下列 4 个结论:①在 $u>2f$ 区域,成倒立缩

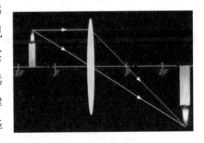

图 4-2-6

小实像,在 $f<u<2f$ 区域,成倒立放大实像,在 $u<f$ 区域,成正立放大虚像。②凸透镜成实像时,总是倒立的。③凸透镜成虚像时,总是正立的。④凸透镜成像可以概括为二点三区域,即 2 倍焦距点是成放大与缩小像的分界点,1 倍焦距点即焦点是成实像与虚像的分界点。选择观察是训练观察力的一种主要方法。

（5）在动态观察中理解：自然界中的许多事物都是在发展变化的，处于一个动态的过程，为了找出其运动变化的规律，就要对其整个过程的变化进行动态观察。图4-2-7是撑杆跳高运动的几个阶段的示意图，从能量转化的角度进行动态观察，可知在助跑阶段，运动员消耗体内的化学能转化为运动员的动能；在撑杆起跳阶段，撑杆弯曲，运动员的动能转化为撑杆的弹性势能；在运动员不断升高的过程中，撑杆的弹性势能转化为运动员的重力势能；运动员越过横杆后，运动员将下落，重力势能转化为动能。在上述动态观察中，你会体会到观察是认识事物

图4-2-7

发展变化过程的一种研究方法。动态观察是训练和培养观察力的一种重要方法。

（6）从重点观察中提炼：就是按照某种特殊的目的和要求，只对被观察事物的某一个或某几个方面作特别细致的观察，以便对其有更深入的了解，其实质就是排除同一事物中次要因素而突出其主要因素所进行的一种观察。如图4-2-8所示的《托里拆利实验》中，在大气压的作用下，竖直的玻璃管中的水银面与水银槽里的水银面之间存在一个高度差。这时应再重点观察玻璃管倾斜时或从水银槽中提上一些或下降一些时，玻璃管内外水银面的高度差是否发生变化。还可以重点观察粗细不同的玻璃管内外水银面的高度差是否发生变化。可以发现无论玻璃管倾斜也好，竖直也罢，也无论是将玻璃管从水银槽中提上一些也好，下降一些也罢，玻璃管内外水银面的高度差始终保持不变。这说明作用在玻璃管外水银面上的大气压强支持着管内水银柱产生的压强，这个压强就是大气压。重点观察法是处理复杂问题的一种思想方法，更是训练和培养观察力的根本方法。

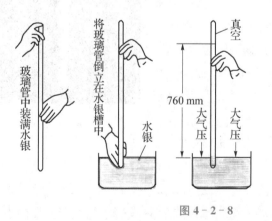
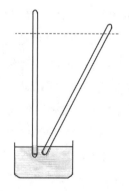

图4-2-8

信息窗

观察方法

观察是一种有目的、有计划、比较持久的认知活动,是人们通过看、听、闻、尝、摸等动作,对世界上千姿百态的事物和千变万化的现象进行感知认识的过程,是人们从过程中获得知识、发展智力、提高能力、走向成功的一条有效途径,也是学习物理最基本的方法。

你能从图4-2-9中,观察到哪些东西呢?这幅图看似简单,其实充满了许多玄机。你可以通过读图、察图、品图这三个步骤进行。

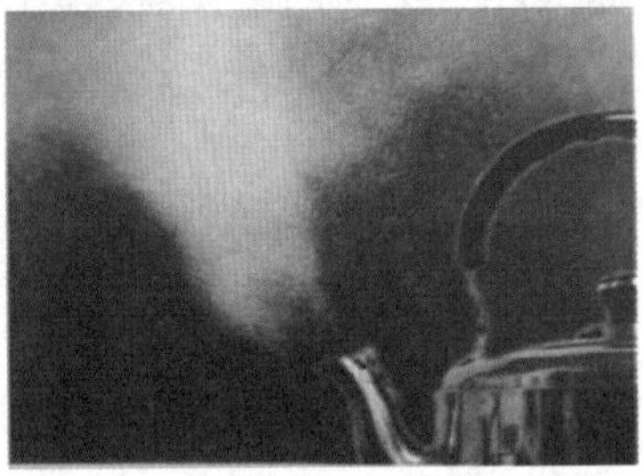

图4-2-9

1. 通过读图,读出生活情景

(1)还原生活:用电水壶烧开水。

(2)描述现象:从电水壶的壶嘴喷出大量白气。

(3)判断状态:图中的白气属于液态。

(4)陈述理由:气态的水蒸气是看不见的,能看到的肯定不是气态,是液态的小水滴。

(5)形成概念:气态变成液态的过程叫液化,白气是水蒸气液化而成的小水滴。

2. 通过察图,察出图中细节

(1)细节描述:紧靠壶嘴的地方没有白气;离壶嘴越远,白气越多,范围越大。

(2)追溯原因:紧靠壶嘴的地方温度较高,水蒸气不能变成小水滴;离壶嘴越远,环境温度越低,液化就越容易,生成的白气就越多,白气的范围也就越大。

(3)得出结论:液化的条件是气体遇到温度比它低的环境(遇冷)才能液化;液化的方法是降低温度(冷却)。

3. 通过品图,品出一般规律

图中只呈现壶嘴外的情景,目的是研究液化。但图中没有涉及电水壶烧开水的情景或其他相关情景,可以通过回忆、再认,品出规律,形成体系。

(1)图外之图:还原用电水壶烧开水的情景:用温度计观察壶中水温,其示数逐渐升高,先快后慢,最后不变。这是沸腾现象,必须满足条件:温度达到沸点并继续吸热。通常情况下水的沸点为100℃,沸点随气压的增大而升高。

(2)景外之景:还原与液化相关的生活情景:深秋早晨小草上的露珠;寒冬河面上

的白雾；盛夏放有冰棍的杯子外壁的汗珠；初春向手心呼气使人暖和；钢瓶中的液化气；前四个情景中的"深秋、寒冬、盛夏、初春"都是为了突出温度这个液化的条件。其中的"盛夏"则强调了杯外温度高的水蒸气(空气)遇到温度低的杯子而液化。而小草是形成露的条件，尘埃是形成雾的条件，杯壁是形成汗的条件。"露、雾、汗、气"等都是生活中常见到的自然现象，它们都是小水滴。呼气使人暖和，说明液化放热。钢瓶中的液化气是用加压的方法使燃气液化，缩小体积，便于存储和运输。

（3）物态循环：河水"汽化"、积雪"升华"，成为水蒸气升入空中。遇冷"液化"成小水滴、"凝华"成小冰晶，成为云，在重力作用下下落并逐渐变大。到了温度较高的气层中，小冰晶"熔化"成小水滴，降落到地面上形成雨，或到了温度较低的气层中，小水滴"凝固"成小冰晶，降落到地面上形成雪而降回大地。

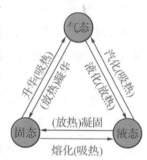

图 4 - 2 - 10

（4）品出规律：物体有固态、液态和气态这三种形态，有熔化、凝固、汽化、液化、升华、凝华这六种物态变化，熔化、汽化和升华要吸热，凝固、液化和凝华要放热，如图 4 - 2 - 10 所示。

解密室

智慧眼睛

先来测试一下你观察力的水平，在图 4 - 2 - 11 中，如果你能看清 12 至 15 张脸，说明你的观察力很优秀；能看清 8 至 11 张脸，反映你的观察力良好；能看清 4 至 7 张脸，只能说你的观察力一般；如果看清的不足 4 张，那你真的要好好地进行观察力的培养与训练了。

图 4 - 2 - 11

其实，观察是你在学习和研究过程中所进行的一种有目的、有计划、比较持久的知觉活动。它来源于你的社会生活、自然景观、课本插图和实验演示之中。观察是你智慧的眼睛，为了擦亮这双探索科学奥秘的火眼金睛，你必须通过细致入微、迅速及时、持之以恒的观察，以厚实的知识为基础，明确观察目的，激发观察兴趣，养成观察习惯，掌握观察方法，强化观察训练。这样一定会使你的观察力达到较高的水平，就能为你早日成才拓展更为广阔的智力背景。

演练场

小 试 牛 刀

通过本节的学习,你对观察及其能力是如何理解的? 请撰写一篇"我的观察能力"千字文,让你的父母给其作出"合格、优秀、点赞"的评价。

第三节　充实智慧仓库

小故事

最 强 大 脑

《最强大脑》是江苏卫视的一个品牌节目。中国台湾的钟恩柔与日本的原子弘务、原子雄成这三个速算天才于 2017 年 2 月 10 日进行了《最强大脑》第四季第 5 期的速算资格战。其实,速算资格战拼的是记忆和速算这两种能力。第一轮:极速加减十番战。第二轮:多位数乘除法抢分战。结果是中国台湾的钟恩柔技高一筹,直接晋级中国名人堂,如图 4-3-1 所示。

图 4-3-1

记忆能力

夸美纽斯是17世纪捷克教育家,是人类教育史上里程碑式的人物,如图4-3-2所示。他曾经说过这样一段话:假如我们能够记得所曾读到、听到和我们的心里所曾欣赏过的一切事物,随时可以应用,那时我们会显得何等的有学问啊。我想你听了这段话后也一定会若有所思吧。你也一定会希望自己有很强甚至超人的记忆力,把学到的知识迅速、正确、牢固地记住,还能根据需要随时从头脑里"提取"出来。

图4-3-2

事实上,具备良好的记忆力并不是做不到的事。古今中外有很强乃至超人记忆力的大有人在。钟恩柔,就是一个超强大脑中的牛人,她擅长速算,拿到过三年的全台湾地区速算冠军,其记忆力可以说已经达到了惊人的地步。她在《最强大脑》速算资格战中又展示了其非凡的记忆力和计算能力。

1. 记忆的作用

记忆既是人的智力结构中的重要内容,又是智力发展的重要条件,在人的任何活动中,都具有非常重要的作用。谢切诺夫是俄国著名的生物学家,如图4-3-3所示。他说过:一切智慧的根据都在记忆,如果形象地把智力比作一座"工厂",记忆就是这座"工厂"的原料"仓库",仓库内原料充足,工厂的机器才能正常地持续不断地运转加工。否则,智力工厂就会成为无米之炊。人正是依靠记忆,在经验恢复的基础上,进行思维、想象和创造等智力活动。而思维、想象和创造的过程和结果,又作为新的经验保存在自己的头脑里,为进一步进行智力活动提供了不可缺少的条件。如果一个人完

图4-3-3

全失去记忆,他将永远处于毫无经验的新生儿状态,任何智力活动都是不可能进行的。

记忆在学习中的作用可以归纳成以下三点。

(1) 巩固知识:要想学习新的知识,就离不开"记忆"二字。为什么呢?因为知识具有严密的系统性。学习总是由浅入深,由简单到复杂,由零散到系统,是循序渐进的。正如建造一栋高楼大厦那样,要从基础开始,一层一层地往上砌筑。因此老师在

每一次讲课前,总要求学生进行预习和复习,讲课时总要进行提问复习,就是为了使学生记住与新授知识紧密联系的旧有知识,以便把新旧知识很好地联系起来。忘记了有关的旧知识,想要学好新知识,就好比要在空中建造一栋高楼那样可笑。如果你在学习电功率的概念时,进行电功和电功率的计算时,前面学过的串并联电路的特点、欧姆定律等知识都记不起来了,你能把电功和电功率的知识学好吗?夸美纽斯说过这样一句话:"一切后教的都以先教的为依据。"可见记住先学的知识对继续学习新的知识有多么重要,它起到巩固知识的作用。

(2)引发思维:张载是北宋时期的思想家、理学创始人之一,如图4-3-4所示。他曾说过这样一句话:"不记则思不起",就是说思考离不开记忆。一个又一个新的问题,必然会引发你的思索,力求使问题能够尽快得到解决。可是如果离开了记忆,思考也就无法进行,问题也就无法解决了。例如你解答浮力的综合题时,却把密度的知识、液体内部压强的规律、阿基米德原理、力的平衡等相关知识都忘了,那就无法进行解题思路的探索了。人们常说,概念是思维的细胞,有时思考不下去,其原因就出于思考时把需要使用的概念、规

图4-3-4

律、公式、原理等给忘了。经过回忆、翻开书本、查找资料等方法后,这些相关的概念、规律、公式、原理才重新浮现在你的脑海,你原已中断的思维过程才可以继续下去。这就是记忆对思维的引发作用。

(3)提高效率:如果你的记忆力很强,就可以在脑海中建立起一个存储知识的仓库。这个充满智慧的仓库里,存储着你通过学习后所获得的一切有价值的成果。在你需要时,或学习新的知识时,就可以非常方便地随时取用,因为这些知识已经牢固地存储在你智慧的仓库里,所以能提高你的学习效率。我们也经常发现一些"学霸"的解题速度特别快,其奥秘在于他们已经把常用的运算结果、常用的物理数据、化学方程式的系数、数学中的运算技巧、图形中的位置关系等都熟记在脑海中。在解题时,就没有必要在这些简单的运算上多花时间了,就可以把更多的时间用在思路的分析上。还由于他们记忆的牢固、正确,大大地减少了因运算造成的错误,起到大幅度提高学习效率的作用。

2. 记忆的方法

其实,要真正具有超凡的记忆力也绝非是件容易的事,有的人的头脑像一个大"漏斗",学过的知识很快就被"漏"掉了。因此,问题的关键在于你是否已经懂得了记忆的一般规律和记忆发展的一些特点,是否了解了遗忘进程的变化规律和防止遗忘的窍门,从中掌握一些行之有效的记忆方法。从现在开始训练自己的记忆力吧!你的记忆水平一定会大幅度提高,相信你能行。

（1）实验记忆法：就是通过实验使难以理解的概念、难以记忆的规律牢固掌握的一种方法。俗话说得好：百闻不如一见、百见不如一做。有些道理说了半天也不见成效，但只要你亲自动手做一下实验，就一目了然了。例如，凸透镜成像规律是初中物理的一个重点和难点，只讲规律学生既不易明白，也不能记准。让学生在光具座上做一下实验，如图4-3-5所示。结合光屏上能否成

图 4 - 3 - 5

像以及成像特征来理解物距、像距、焦距之间的关系，就会对凸透镜成像规律有更深刻的认识，就会印象深、记得牢。

（2）口诀记忆法：就是把要记的知识编成一些虽不够严密，但能管用的口诀，从而帮助记忆的一种方法。当然，这些口诀的编制既要抓住要点，又要生动形象，通俗好记，更能寓学于乐，激发学习兴趣。例如，凸透镜成像规律可编成这样的口诀：物近像远像变大，实像倒立虚像正，二倍焦距物像等，外小内大实像成，一倍焦距不成像，但其内外虚实明，牢记两个突变点，物像规律自然成。

（3）归类记忆法：就是把记忆的对象归纳成类，并把同类知识放在一起记忆，从而提高记忆力的一种方法。其关键在于你能否将不同概念的相同本质特征抽取出来。例如，初中阶段学到过的物理量可以归纳为性质量、多少量、强度量、程度量、过程量等。把密度、比热容、燃烧值、电阻等归纳为性质量，因为这些物理量都描述了物质的特性，它们的大小都可以用其他两个（或三个）物理量的比值来表示，但与这些物理量的大小无关。也可以把质量、热量、电量等归纳为多少量，把力、压强、电流、电压、响度等归纳为强度量，把速度、温度、功率等归纳为程度量，把功、热量等归纳为过程量。

（4）特征记忆法：对于比较难以理解的概念，可以采取寻找其特征后反复应用而增强记忆力的一种方法。其关键在于你能否找出此概念的本质特征。例如，力的概念是初中物理的一个难点，可以抓住"两个物体"缺一不可，但又有区别，一个是受力物体，一个是施力物体这一特征来记忆。在进行受力分析时，就很容易排除那些找不到施力物体的力了。如推出的铅球在空中飞行时的"推力"，因找不到其他施力物体而被轻而易举地排除了。

（5）概括记忆法：就是把复杂的记忆材料进行概括简化，再以此为记忆的支撑点逐步扩大再现范围的一种记忆方法。其记忆过程是先由厚变薄，再由薄变厚。例如，《压强》这一章的内容很多，知识面很广。先概括成十字口诀：压强要巩固，一二三四五。再展开，即：一个概念（压强），二个公式（$p=F/S$，$p=\rho gh$），三个规律（液体压强

传递规律、液体内部压强规律、大气压强变化规律),四个实验(帕斯卡裂桶实验、马德堡半球实验、托里拆利实验、复杯实验),五个应用(压强计、连通器、活塞式抽水机、离心式水泵、气压计)。

(6)联想记忆法:通过对某一事物的回忆而引起对另一事物记忆的一种方法。它是新旧知识建立联系的产物。旧知识积累得越多,新知识涉猎得越广,就越容易产生联想,就越容易记住知识。例如,左手定则适用于"通电导体在磁场中受磁场力的作用方向"的判断,其中的"力"字往左一撇(丿),与左手定则联系起来;右手定则适用于"电磁感应"现象中感应电流的方向与磁场方向、导体运动方向之间关系的判断,其中的"电"字向右钩(乚),将其与右手定则联系起来。这样,左手、右手这两个定则的适用条件与"力""电"这两个字的笔画"往左撇""向右钩"联想起来记忆,使用时就不会搞错,记得就比较深刻。

2. 记忆力的锻炼

记忆是大脑的功能之一,只要一个人的大脑发育正常,就能记住学过的知识。但人们的记忆力确实存在着明显的差异,这些差异不仅表现在记忆的速度、容量、保持的持久性和精确性等方面,还表现在记忆力发展的水平上。传说马克思的记忆力非常惊人,他仅用半年的时间学习俄语,就能津津有味地阅读原版的普希金和果戈理的著作。其实,古今中外的那些过目不忘、耳闻则诵的惊人记忆力概出于培养和锻炼,可以从下列几个方面入手。

(1)明确目的:你是否有这样的体会,某老师有开课必先提问的习惯,迫使你在上课前先看书,记忆效果特别明显,到时你就会对答如流。如果没有这种习惯的老师偶然也采用此法,在你没有做好准备的情况下,你或许会感到束手无策。其原因在于你记忆的目的非常明确,为了接受老师的提问,生怕记不住,直接影响你的学习成绩,所以你就产生了非记不可的紧迫感,你的记忆效果就会明显提高。著名的精神分析学家弗洛伊德认为:人们所记忆的事物,应该是自己要记的,人们所遗忘的事物,应该是自己要遗忘的。所以他说,意图是所有记忆和忘却的基础。学习的实践也证明:记忆的目的越明确,就越能挖掘出自己的各种潜力,从而取得较理想的记忆效果。常说的重要事情遗忘的可能性较小,就是这个道理。

(2)坚定信心:美国的心理学家胡德华斯认为:凡是记忆力强的人,都对自己的记忆力充满信心。只要你信赖它,它就有能耐。所以,对自己充满信心,相信自己一定能记得住,是多么的重要。如果你认识到这一点,又采取了相应的行动,相信你的记忆力会大大增强的。可是,也有不少学生总是埋怨自己的脑子笨,要记的东西就是记不住。其实,根本的原因并不在于脑子,而在于学习的动机。目的不太明确,自信心又不足,学习就缺少动力,注意力就不集中,记忆效果当然就差。然而这些学生又不从上述方面去查找原因,反而一味地责怪自己的脑子笨、记性差,再学其他知识时,就更加缺乏信心,当然就更加记不住了。

（3）集中注意:有的学生在背诵时,时不时地东张西望、左顾右盼,有的甚至是一边在看书,一边还在吃东西。在这种情况下,阅读十遍还不如静下心来读两遍的效果。美国的心理学家洛夫斯基说过:一个人为提高其记忆力所能做到的最重要的事情,也许就是学会如何集中注意力。由此可知,集中注意力、专心一致地学习是多么的重要。那些小和尚念经、有口无心的学习,就一定会记不住的。因为注意力不集中,大脑皮质的兴奋中心就坚强不起来,暂时的神经联系就不容易形成,记忆效果差,那是理所当然的。如果你在学习时有类似的毛病,请在集中注意力上用点功夫,相信你会大有收获的。

（4）文理交替:就是不要把内容相近的科目集中在一起学,而是将文科和理科相互交错安排。长时间学习相近的学科,造成学习上的单调刺激,就如同单调的钟表的"嘀嗒"声,容易引人发困,产生睡意,再要坚持学习下去就比较困难了。因为学习内容相近,大脑皮层工作的部位也比较相近,长时间使用同一部位,造成局部脑细胞内物质的消耗和废物的积累而提前产生疲劳。因此,善于学习的学生在安排学习内容时,很注意文理交替。

（5）多官并用:心理学的研究表明,在诸多记忆类型中,以多种器官参加的混合记忆效果最好。我们知道,看书用的是视觉,听声凭的是听觉,上课用的主要是视觉和听觉。由于使用感觉器官不同,记忆效果就大不一样。有人通过实验提供了这样一组数据:在相同的时间内,依靠听觉获得的知识,可记忆其中的 15%;依靠视觉获得的知识,可以记忆其中的 25%;而将听、视结合起来用,可以记忆同一内容的 55%;如果你既听又看且写,可以记忆同一内容的 90%。所以,多官并用就能学得快、兴趣浓、记得牢。

信息窗

记忆环节

记忆是一个从记到忆的心理过程,它包括识记、保持、回忆这三个基本环节。

1. 识记

就是人们识别并记住事物,从而积累知识和经验的过程。它是记忆的第一个环节,要提高你的记忆力,首先就得进行良好的识记。

（1）无意识记:在我们的生活中,有许多事情,我们并非有意识地去识记它们,但它们却能自然而然地留在我们的脑海里,有的甚至是终生不忘。如歌唱家李谷一演唱的《难忘今宵》,尽管看电视时并没有人要求你记住这首歌是谁唱的,但事后只要在广播中听到这首歌,就会把它与李谷一联系在一起。这种识记事先没有预定目的,也不需要任何意志努力,故称之为无意识记。在你的学习过程中,如果能恰当地应用好这种识记,就能使你在轻松愉快中获得应有的知识技能,既能提高你的学习效率,又能减轻你的学习负担。但这种识记由于缺乏目的性,在内容上往往带有片面性和偶然性,因此单凭这种识记是难以获得系统的知识和技能的。

(2)有意识记:在学习过程中,更多需要的是事先有一定目的,并需要意志努力才能达到的识记,称之为有意识记,它是一种特殊而复杂的智力活动。例如,有人要你去记住南京至北京的各次航班的时刻,你很可能会觉得这是在给你出难题,在有意跟你过不去。但是假如你真的要从南京出发乘飞机去北京,并急着要赶回南京,你就会很容易记住来往于南京与北京之间的各次航班的时刻。可见,急迫的需要会使你的记忆力增强起来。这种有意识记在学习中占有重要的地位,对系统的知识和技能的掌握,主要是靠这种识记。因为在其他条件相同的情况下,有意识记的效果比无意识记的效果要好得多。

(3)机械识记:在学习中,你可能要记一些历史年代、门牌号数、地理名称、物理常数、特殊数据、电话号码等没有意义的材料,或要记住比较高深又暂时不能理解的知识,如球的体积、椭圆的面积公式等,此时只能通过机械重复的方式来进行识记,这种方式称为机械识记。虽然这种识记常被人们看成是低级的识记途径,但它在我们的学习中还是不可缺少的。

(4)理解识记:在我们的学习中,有许多知识有一定的意义,如定义、公式、定理、法则、原理、定律、概念、规律等,就必须要在对它们充分理解的基础上,根据它们的内在联系或特征而进行识记,这种识记称为理解识记。它的识记效果显然要比机械识记好得多,因为只有理解了的知识才能记得长久,正好比只有充分消化了的东西,才能得到最大限度地吸收一样。

2. 保持

就是巩固已经获得知识经验的过程,它是记忆过程的一个关键性环节。它不仅为巩固知识所必需,也是实现回忆之保证。著名心理学家巴特莱做过这样一个实验:他用一幅画,给第一个人看后要他默画,然后将他默画出来的图形给第二个人看,让第二个人默画,再将第二个人默画出来的图形给第三个人看……这样依次下去,直到第18个人为止。实验得出这样的结论:保持中的经验和原初经验相比,存在着下列四个方面的显著变化。

(1)简略、概括:原初经验中的某些细节,特别是次要细节趋于消失。

(2)完整、合理:保持中的经验更为完整,更有意义。

(3)详细、具体:在保持的经验中,还会出现一些新增的细节,更加接近实际。

（4）夸张、突出：把原初经验中的某些特点突出、夸大，使之更具特色。

3. 回忆

就是在不同情况下恢复过去经验的过程，它是记忆的最终目的。它通常表现为两种不同的水平，即再认或再现。

（1）再认：当做过的一些习题，或研究过的某些知识，再度出现在你的面前时，你能够识别它们，这就是再认。它是一种比较低水平的回忆过程，仅以能确认过去已经学过的知识经验为特征。但是当这些习题，或是这些知识不在眼前时，你将无法把它回忆出来。

（2）再现：如果你在考试时，根据试题，能把与之相关的知识点或学习过的内容回想出来，这就是再现，即是对过去经验的重现。故地重游而回想起逝去的岁月，就是一种再现，这是一种较高水平的回忆。

学习中，希望你不要只满足于"再认"这个低起点，追求的应该是"再现"这个高水平。

解密室

智慧仓库

记忆是你智力加工厂里的一个原料仓库，它起着巩固知识、引发思维、提高效率的作用。记忆是一个从记到忆的复杂的心理过程。它包括识记、保持、回忆这三个基本环节。为了真正使你智慧的仓库得到充实，你必须掌握一套科学的记忆方法，进行有效的记忆训练，力求做到明确目的、坚定信心、集中注意、文理交替、尝试回忆、多官并用、勤记多练、科学用脑。如果你能按此方法坚持训练、养成习惯，你的记忆力必将与日俱增，以至于有可能达到惊人的地步。

演练场

小试牛刀

通过本节的学习，你对自己的记忆力是如何评价的？请撰写一篇"我的记忆能力"

千字文,让你的父母给其作出"合格、优秀、点赞"的评价。

第四节　增强智慧核心

小故事

行 星 运 动

我们知道,丹麦科学家第谷花了三十多年的心血积累了有关行星运动的大量观察资料,但没有发现什么重要的规律。而他的学生,德国的开普勒却在其大量观测数据的基础上,专心研究火星怎样绕太阳运行,终于发现了行星运动三定律,使感性认识上升为理性认识。这种质的飞跃靠的是什么? 靠的是思维力。而牛顿又从开普勒的行星运动三定律的引力概念中,通过艰苦的思维活动,发现了万有引力定律,从而开创了天体力学,把太空和人间统一了起来,使人们对太阳系有了新的认识,如图4 - 4 - 1所示。

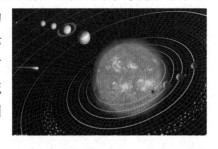

图4 - 4 - 1

思 维 能 力

的确,科学研究和发明创造过程如果离开了思维活动,就无法揭示事物的本质和规律,创造发明就成了一句空话。一个人的思维能力就是思维力。它是人脑对客观事物间接的、概括的反映能力,在人的智力结构中占有特殊的地位,是智力的核心。革命导师恩格斯(图4-4-2)把思维称为"地球上最美的花朵"。

图 4-4-2

1. 思维的特点

一个人思维水平的高低,可以从他思维的特点进行判断。

(1) 广阔性:遇到问题时,既能善于抓住事物的全貌和整体,又不忽视重要细节,既全面又严谨地思考问题,这就是思维的广阔性。它与人的知识的广博程度密切相关。一般来说,一个人的知识基础越厚实,其思维也就越广阔。例如你学了滑动变阻器后,能否解释这样的问题:为什么用遥控器调节电视机时,屏幕上的画面会变明变暗,对比会变黑变白,色彩会变深变淡,声音会变大变小? 而要真正彻底解决这个问题,就要看你思维的广阔性如何了。这里不但涉及遥控这一感知细节,还要具有电视机屏幕的亮度、对比度、色彩饱和度、声音的响度、滑动变阻器的工作原理的知识。没有对上述知识的融会贯通,要回答清楚上面的问题是有困难的。

(2) 深刻性:遇到问题时,善于思考问题的核心和本质,找到产生问题的真正原因,并能推断其结果,预见事物的未来,这就是思维的深刻性。它要求人们看问题时要抓住主要矛盾,透过现象看本质。例如在学习二力平衡时,老师将一只拴有橡皮筋的玻璃杯突然从手中落下,学生以为玻璃杯将落地被摔破而发出惊呼之声时,却看到橡皮筋的另一端抓在老师的手中,玻璃杯在空中荡了几下就停止了。你如果能解释其原因,就该知道自己思维的深刻性如何了。

(3) 逻辑性:思考问题时,始终遵循合理的顺序或系统,不忽左忽右,不忽这忽那,做到有条不紊地思考,思路清晰连贯,持之有理,论之有据,这就是思维的逻辑性。例如在学习物体的浮沉条件时,你能否利用一个废牙膏壳、沙子、水槽等器件,设计一个探究物体浮沉条件的系列实验呢? 如果你能按下列程序设计,就说明思维有逻辑性了:①将一个压瘪的牙膏壳放进水槽中,牙膏壳沉入水底。②将压瘪的牙膏壳弄成鼓状,放在水中却浮了上来。③在空鼓的牙膏壳内加进一些沙子后,放入水中,牙膏壳又下沉。

(4) 灵活性:这是指善于适应新情况和思考新问题,并能提出解决问题的最佳方案,善于迅速地从行之不通的方案中解脱出来。它要求你思路敏捷、不呆板、不固执,应变力强,能从不同的角度提出问题和分析问题。例如有这样的一道物理题:在杠杆两端分别挂铜、铁实心块,杠杆平衡。现将它浸没在水中,此杠杆还能否平衡? 若不平衡,哪端下沉? 对于这道习题,用常规思维解法较繁,可以巧设水为铁水,即水的密度为铁的密度。将杠杆两端的铜、铁实心块同时浸没在铁水中。易知,铁块在铁水中悬浮,铜块在铁水中下沉,杠杆挂铜块的那端下沉。如果你能用这样的思维处理,就说明你思维的灵活性很强。

(5) 果断性:这是指遇到突发问题时或紧急时刻,能沉着冷静,集中全部智慧,迅速、果断地作出正确的判断。例如在公交车上,当驾驶员紧急刹车时,汽车上的一位男士不由自主地撞在一个女生的身上。女生生气地骂了男士一句:"瞧你那德性?"那男士却笑着回答说:"这不是德性,而是惯性。"结果汽车上的人都乐了,一场风波也就烟消云散了。从这里可以看出这位男士思维果断,巧妙地应用了惯性的原理,化干戈为玉帛,让人拍手叫绝。

2. 思维的手段

我们每天学习时,要经常与有关事物的基本事实和基本理论打交道。例如,物理学就是由各种物理现象和物理规律、理论所组成的知识体系。我们学习的目的,就是为了知道这些基本现象,并在此基础上去认识、理解、掌握这些现象背后的基本规律和基本理论。而要达到这一学习目的,就必须在感知的基础上,借助思维过程中的智力操作手段才能顺利完成。

(1) 分析与综合:一切事物,包括人、事、物在内,都是由各个部分组成的。我们把整体根据需要分解成某些部分作为思维对象进行研究的思维过程叫作分析。由于实际的现象和过程往往是错综复杂并彼此联系的,因而需要把被考察的部分要素从整体中暂时抽取出来,让其单独发挥作用,以便分别研究它们的性质,这就是分析的方法。而综合法和分析法的思路恰恰相反,它是将所研究对象的各个部分、各种要素结合起来进行研究的思维过程。它们的思维路线如图 4-4-3 所示。分析和综合是最基本的智力操作手段,它们彼此依存、相互渗透。综合必须以分析为基础,没有分析便不可能综合。分析应以某种综合的成果为指导,其目的就是综合。分析与综合贯穿于思维的整个过程,也贯穿于整个解决问题的始终。你可以把这二者紧密地结合起来使用,通常在做思路分析时采用分析法,具体的问题解决过程(即求解过程)采用综合法。

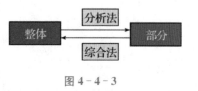

图 4-4-3

（2）比较与分类：当我们需要辨别和确定两个或两个以上的对象的异同点及其关系时，我们所运用的思维操作手段是比较。比较可以帮助我们了解事物的本质及其优劣和发展变化。离开比较，我们甚至难以认识自己。物理中的测量就是最简单的比较，通过测量可以知道自己的高矮、胖瘦、轻重。不仅同类事物可以比较，就是不同类的事物，只要它们在某些方面有相似、相关或相近的地方，也可以进行比较。如压力和压强、重力和质量、蒸发和沸腾、会聚和发射等组成的一对对概念的比较，就能找出它们之间的"同中之异"或"异中之同"来。因此，善于比较便是善于为思维的深化开辟道路。而分类则是依据事物的一般特性，通过比较把它们分门别类的一种思维操作手段。例如，把简单机械分成杠杆、滑轮、轮轴这三类，就是通过比较后分类而得出的。在你学习知识形成概念的过程中，比较和分类是不可缺少的思维操作手段。

（3）抽象与概括：各种事物都具有许多属性，其中有的是本质属性，它能够把甲事物与乙事物区别开来，其余的则是非本质属性。而所谓抽象，就是一种在思想上把某类事物的本质属性和非本质属性区分开来，摒弃非本质属性，抽取其本质属性的思维操作手段。许多物理概念如惯性、扩散、反射等都是经过抽象而得出的。当我们分别考察了铁、铜、铝等各种金属后，发现它们都有热传导的性质，于是我们把它们所具有的这种性质抽取出来，加以总结得出"凡是金属都能传热导电"的结论，这便是概括。借助概括这一思维操作手段，人们可以由个别事物的本质属性推出同类事物的本质属性，从而开阔了人们的思路。抽象和概括这两种思维操作手段，在实际应用上很难分开，一些概念、公式、定律、法则和原理等，都是抽象和概括的结果。

（4）判断与推理：所谓判断，是指应用已知的概念对事物作出肯定的或否定的思维操作手段。任何一个判断总是由两个或两个以上的概念构成。物理学中关于概念的定义和定律、定理的叙述等都属于判断，而且这种判断是不断深化的。它不仅表现在由一种判断形式向另一种判断形式的过渡上，而且表现在由判断向推理过渡上。例如，曾经统治两千多年的亚里士多德的"力是物体运动的原因"的判断，被伽利略的斜面实验所否定，得出"力是改变物体运动状态的原因"的判断，后又经过牛顿的概括推理而得出牛顿第一运动定律。而推理则是从已知的判断推出新判断的思维操作手段，它的结构形式包括前提和结论两个部分。作为推理的根据，已知判断是前提，由此推出的新判断是结论。如牛顿第一运动定律中的"一切物体在没有受到外力作用的时候"就是推理的前提，"总保持匀速直线运动状态或静止状态"就是该推理的结论。推理的方法有很多，按其进程来分，主要有归纳、演绎和类比等。

（5）具体化：抽象概括出来的知识应用于具体的事物，用具体事物说明抽象概括出来的知识是一种不可忽视的思维操作手段，这就是具体化。例如，上述的"金属"这个概念被抽象出来之后，铁就是对金属这一概念的具体化，即金属的一些特性都能在铁这一具体的物质中找到。它是理论应用于实际的重要途径。希望你能加强这方面的思维训练。

3. 思维力的训练

思维力包括理解力、分析力、综合力、比较力、概括力、抽象力、推理力、论证力、判断力等,是你整个智慧的核心,支配着一切智力活动。人聪明不聪明,有没有智慧,主要就看其思维力强不强。要使你聪明起来,智慧起来,最根本的办法就是开发和培养自己的思维力。这里有五种方法供你参考。

(1)一线贯穿:著名教育家蔡元培曾经打过这样一个形象的比喻:知识犹如满地的散钱,求知者须找一根线,将一个个的小钱捡拾成串,渐渐地就会成为知识的富翁。这就告诉我们学习知识要善于总结,归纳成线。复杂纷繁的知识经过思维的贯穿,可以整理得有条有理、自成系统。它是一种系统思维的训练方法,是最常用也是最管用的方法。

(2)迂回进取:有的人只会采取正面思维的方法,死守常规,按老办法出牌,结果处处碰壁。有的人则不同,采取迂回战术,旁敲侧击,另辟蹊径。事实上,人的思维不可能是一条直线,不应当一条道走到黑,偏执于追求思维捷径,迷信自古华山一条路,而应该重视走迂回的曲线,条条大道通罗马。这实际上是解题方法中的一题多解,这样看起来思维的速度慢了,但解了一题,就会涉及一大串知识点,理解一大块知识面,掌握一系列解题方法,实际上是有效地加快了成功的速度,从而在迂回进取中提高了思维力。

(3)借鉴移植:俗话说得好,他山之石,可以攻玉。善于从别人的经验中吸取有利因素,借以激发自己的创造灵感,是训练自己创造性思维的成功举措。例如有人在改进锅炉中的"水流和蒸汽循环"的时候,借鉴了人体的"血液循环"知识,把血液循环系统中动脉和静脉的不同功能,移植到锅炉的水和蒸汽的循环中去,结果使锅炉的效率提高了10%。借鉴移植是训练思维力、开发智力的重要方法,此法对你是终身受用的。

(4)博采精取:蜜蜂采百花而酿成一家之蜜,人的思维也应当博采众长,浓缩精取。所谓博采,就是要积累丰富的知识,详细地占有资料。事实上,一个人的知识越丰富,材料越完备,这个人的思维准备就越充分,思维也就越顺利。所谓精取,就是把所采集的知识吸收再经过思考与消化,去粗取精,最后由厚变薄成为自己的思想。这是训练思维的根本之法。

图4-4-4

(5)科技活动:近年来,树人学校通过树人少科院这个平台让学生参加各级各类的青少年科技创新活动,如图4-4-4所示。对学生而言,科技活动丰富了精神生活,扩大了知识视野,陶冶了高

尚情操,散发着创造思维的活力,许多小发明在扬州市、江苏省、全国乃至国际各级各类的创新大赛中频频获奖。可以这样说,科技活动是训练和培养创造性思维的广阔天地。

信息窗

思 维 钥 匙

爱因斯坦曾经说过这样一段话:"发展独立思考和独立判断的一般能力,应当始终放在首位,而不应当把获得专业知识放在首位。如果一个人掌握了他的学科的基础理论,并且学会了独立思考和工作,他必定会找到自己的道路,而且比起那种主要以获得细节知识为其培训内容的人来,他一定会更好地适应进步和变化。"可见,思维在你的学习中有着多么重要的作用。那么怎样才能找到开启智慧之门的钥匙,进行科学思维呢? 可以从以下七个方面入手。

(1) 质"疑":古人云:"学起于思,思源于疑""小疑则小进,大疑则大进"。因此要使你的思维积极活动起来,最有效的方法就是把自己置身于问题之中,以质疑的态度来看待问题。当有了问题和解决问题的需要时,思维才能被激活,你的思维能力才有可能在解决问题的过程中发展起来。那么如何使你自己置身于问题之中呢? 最佳的方法就是自己发现问题和提出问题。作为中学生的你,已经有能力在自己学习的全过程中通过思维给自己提问题,就是在预习、听课、复习、作业、总结、课外活动时,通过思考给自己提出问题,进行钻研、探讨。只有这样,你的学业才能大有长进。

(2) 引"趣":人们大凡有这样的看法,认为读书做学问是一件苦事。其实不然,牛顿就把它当成一件趣事,以至于他钻进实验室后就忘记了吃饭而引出了许多笑话。事实上,治学之趣是很有魅力的,其最大特点就是具有较强的吸引力。要思考问题,就得有吸引力。没有吸引力,思考就不能坚持到底,只能是望难而退。因此,你要想开启思维之门,引"趣"这把钥匙不能缺少,并努力达到"三趣"。一为志趣:就是要有明确的目标追求。如果你选择的目标是成为科技创新人才乃至行业的领军人物,那就得从现在起,打好扎实的知识基础或能力基础,发展自己的创新思维。如果你对此有了比较强烈而稳定的想法,那么你就有了学习思考的志趣。二为情趣:就是对学习思考有情感上的趋向和吸引,它能帮助你产生强烈而稳定的热情,而这正是激起你思维的关键。三为乐趣:就是使学习思考成为自己心理上的满足和情感上的愉快接受。正是这种以学为乐、安贫乐思激励着多少仁人志士在科学的险峰上攀登,为人类的文明作出不朽的贡献。如果你能把兴趣引入思维,促使志趣逐步向着情趣转化,向着乐趣升华,这把开启智慧之门的金钥匙就一定为你所用。

（3）勤"学"：郭沫若是中国科学院首任院长，如图4-4-5所示。他曾经说过："形成天才的决定因素应该是勤奋……有几分勤学苦练，天资就能发挥几分。天资的充分发挥和个人的勤学苦练是成正比例的。"可见勤学对思维和智力的影响多么巨大。其实，人的脑力和体力也一样需要经常锻炼，否则就会退化和萎缩。学习勤奋的人，能注意经常思考问题，会使头脑复杂灵活、思路宽广、反应敏捷。懒于动脑的人久而久之，头脑简单、思路狭窄、反应迟钝。难怪许多名人都把"勤"字奉为圣训，唐宋八大家的韩愈说："业精于勤荒于嬉，行成于思毁于随。"共和国元帅陈毅说："应知学问难，在于点滴勤。"愿你驾驶起勤奋之舟，在思维的海洋里到达那理想的彼岸。

图4-4-5

（4）攻"难"：思维的"天性"就是不爱和容易的问题打交道，而喜欢同疑难的问题交朋友。正如著名数学家华罗庚的一句名言："下棋找高手，弄斧找班门。"在学习的道路上，在思维的过程中，必然会遇到许多艰难险阻，这时就要看你的学习意志如何了。学习意志强的学生具有不达目的誓不罢休、在困难面前决不低头、千方百计克服困难的勇气，学习中的困难就会随之而不攻自破。

（5）动"情"：赞可夫是前苏联著名教育家、心理学家，如图4-4-6所示。他认为：学生的"情绪生活"是与学生的独立、探索性思维有机地联系在一起的。如果伴随学习和思考而来的是兴奋、激动，对发现真理的诧异、惊讶产生愉快的体验，那么这种情感就能强化人的思维活动，促进智力的发展。在学习过程中，积极良好而又稳定的情绪对学习是一种促进，能使你在学习时更加专心，思维活动就更加积极。而消极不稳定的学习情绪，对学习过程是一种破坏。常见到有些学生在学习过程中闹情绪，坐卧不安，思维混乱，注意力无法集中，甚至借故发作，闹出乱子。可是一旦平静下来，又会后悔莫及。因此，你要进行科学的思维，就一定要积极地利用、激发和培养自己的情感。如果你的学习真正到了动情的地步，那么你的思维一定会产生质的飞跃。此时你就会知情达理、先动于情，引发思维，再达到通晓于理的境界。

图4-4-6

（6）求"变"：多变的练习形式有利于激发你的思维。变中求学，学中求变是当今学科的基本要求。而一题多解、一题多变、一题多问、一题多思等都是求变的形式，能有效地发散学生的思维，培养良好的思维品质，有效地拓展思维空间。单就多变中的一题多解而言，不能只停留在对某道习题的多种解法上，它应包括多方位感知、多途径推导、多目标转化、多方法操作、多形式记忆、多角度表述、多关系寻找和多层次应用等。如果你的多变能达到这一境界，无论是思维的量，还是思维的度，或是思维的质都将跨越到一个新的高度。

（7）善"联"：我们知道，知识越丰富的人，越能把许多知识联系起来，使思维更加敏捷、更加灵活。同样，一个善于联系、富于联想、勤于思考的人，能很容易地把具体的形象思维和抽象思维联系起来，有助于自己思维能力的提高。因此，你要在学习知识的过程中，在进行技能技巧训练的同时，有意识地通过合理而丰富的联想，沟通知识之间的纵横联系，融会贯通地应用知识，有效地促进自己思维水平的提高。善于联系、富于联想也是一把帮助你开启思维之门的钥匙。

解密室

智慧核心

思维是人脑对客观事物的本质属性和内部规律的间接的、概括的反映，是地球上最美的花朵，如图4-4-7所示。它也是你智慧的核心，具有广阔性、深刻性、逻辑性、灵活性、批判性、独立性、创造性和果断性等特点。为了活跃你的思维能力，你就得善于驾驭思维的操作手段，从分析到综合、比较到分类、抽象到概括、判断到推理，直至具体化，认真把握好质疑、引趣、勤学、攻难、动情、求变、善联这七把开启思维门扉的钥匙。通过一线贯穿、迂回进取、借鉴移植、博采精取、探索求异和开展课外活动等方式的思维训练，你的智慧核心会活力四射。

图4-4-7

演练场

小试牛刀

通过本节的学习，你对自己的思维能力是如何评价的？请撰写一篇"我的思维能力"千字文，让你的父母给其作出"合格、优秀、点赞"的评价。

第五节　插上智慧翅膀

小故事

这是什么

如果在一张白纸上画一个黑色的圆,如图 4－5－1 所示,然后举起来。你看到了什么?

有趣的是,外国有个心理学家就是用这个问题作了试验。他问了许多成年人,其答案几乎是一致的:看到了一个黑色的圆。可是他向幼儿园的孩子提这个问题时,孩子们的答案却是多种多样的。有的说:这是一顶墨西哥式的帽子;有的说:这是烤焦的牛肉饼;还有的尖声嚷道:那是一只揿死的臭虫。

图 4－5－1

孩子们为什么会有这么多千奇百怪的回答呢? 从心理学的角度讲,这是孩子们丰富想象的结果。

点金石

想象力

其实,人们在各种活动中会直接接触到许多事物,并在大脑中留下印象,这叫表象。而想象就是人们头脑中已有的表象进行加工,制作成新形象的过程,它是一种特殊形式的思维活动。人们借助思维和想象,就能探索规律,预测未来,有所发现,有所创造。所以有人把想象比作智慧的翅膀,有了它,思维就能在无边无际的智慧太空中自由翱翔。也有人将想象比作思维的骏马,有了它,思维可以在未来生活的道路上纵横驰骋。还有人将想象比作入云的阶梯,有了它,就可以摘取高耸入云的智慧之果实。

1. 想象的特征

想象是人脑中经常出现的活动,它可以在无意之中进行。如果你在上学的路上偶然间抬头望天,看到朵朵白云在蓝天上迅速飘过,你可能会想象到这一朵朵白云像一只只小白兔在蓝色的草原上奔驰。

而更多的想象则是有意的,是根据一定的目的,自觉地进行想象的。比如,当你学习了光的直线传播后,老师布置了一道作业题:晚上利用灯光的照射和两只手掌的巧妙组合,可以在白色的墙壁上留下各种影子,如图4-5-2所示。你可以展开丰富的想象:这是个马头,这是只小兔,

图4-5-2

这是只猫等。这种有意识的想象,具有新颖性、独特性、创造性的特征。

(1)新颖性:也许你没有去过北方的大草原,但是你在课堂上听到老师诵读"天苍苍,野茫茫,风吹草低见牛羊"的诗句时,也会在脑海中浮现出一幅崭新的草原美景:天高云淡、浩瀚无际、草肥水美、牛羊成群……如图4-5-3所示。这就是想象的新颖性,它是对人脑已经

图4-5-3

感知过的表象进行了再加工而创造出的新形象。因此,新颖性是想象的一个基本特征。

(2)独特性:前文已经提到过,一些孩子看到一张白纸上的黑圆,会把它看成不同的东西。这就充分说明了人的想象具有独特性。不同的人,具有不同的兴趣爱好、不同的经验阅历,虽然面对的是一个相同的且未知答案的问题,但回答得却各具特性。因此,独特性也是想象的一个基本特征。

(3)创造性:在一次青少年科技创新大赛科幻画比赛中,一位年仅 7 岁的小孩在他的绘画作品《未来的汽车》中,如图 4-5-4 所示,画出了他想象中"流动医院巨型救护车""水陆两栖式汽车""具有垂直尾翼的高速喷气式汽车"等多种外形和性能完全不同的新颖汽车。这就是想象的创造性。工人、农民、科技工作者在发明与改造工具时的想象,作家在构思故事情节时的想象,艺术家

图 4-5-4

在塑造艺术形象时的想象,科学家在预见研究成果时的想象,无不包含着创造性成分。因此,创造性又是想象的一个基本特征。

2. 想象的作用

想象是人在头脑里对已储存的表象进行加工改选形成新形象的心理过程,对人的学习和工作都有巨大的作用。

(1)定向作用:一个人要成功地做某件事,学习某一知识,从事某项活动,总要先明确目的并预想出结果,否则就无法有效地工作、学习和活动。而这个预想的结果,就是对目标的想象追求,具有明显的定向作用。就是说,在活动之前,就能想象出活动的过程和结果,这样的定向作用有助于活动的顺利完成,学习也是如此。关于这一点,革命导师马克思曾作过精辟的论述:蜘蛛的活动和织工的活动类似。在蜂房的建筑上,蜜蜂的本事还使许多建筑师感到惭愧。但是,即使最拙劣的建筑师和最巧妙的蜜蜂相比也显得优越的是建筑师在以蜂蜡构成蜂房以前,已经在他的头脑中把它构成。劳动结束时得到的结果,已经在劳动过程开始时存在于劳动者的观念之中,所以已经观念地存在着。也就是说,想象对行为有定向纳轨的作用。

(2)深化作用:马克思他曾把想象力称为"十分强烈地促进人类发展的伟大贡献"。正是借助想象,人类在实践中不断探索着自然界的奥秘。因此,丰富的想象是人

类打开知识宝库的金钥匙。只有想象力丰富的人,才有可能使所学的知识不断深化,并有所创见。物理大师爱因斯坦在中学时代就具有惊人的想象力,他在牛顿力学的基础上进行了深入的想象:如果有人追上光速,将会看到什么? 一个人在自由落下的升降机中,会看到什么现象? 狭义相对论正是从这些想象中孕育出来的。物理巨匠牛顿也有非常丰富的想象力,他提出:如果在山顶上把一颗炮弹平射出去,炮弹将以曲线轨道落在地面上,速度越大,落得越远。假如发射的速度非常大呢? 炮弹不就绕过地球了吗? 如果速度是够大的呢? 炮弹就绕地球旋转,甚至永远不落下来了吗? 牛顿的万有引力定律也正是从这些想象中诞生的。怪不得爱因斯坦认为想象力比知识更重要,因为知识是有限的,而想象力概括着一切,推动着进步,并且是知识进化的源泉。

(3) 推动作用:作为一个中学生,要认识世界、掌握知识、发展能力,主要依靠书面语言和口头语言来描述,而各学科内容所涉及的事物和现象不可能全部直接感知,只有通过想象,才能把这些事物的生动形象捕捉住,从而推动你真正理解教材、掌握概念、应用规律。例如物理中的磁场、电动势、原子结构、相对论原理、涡旋电场、位移电流等知识的理解和掌握,都需要丰富的想象力。一个学生,如果没有丰富的想象力,要想学好物理是困难的。

3. 想象的训练

在平时的学习中,我们发现有些学生的想象力鲜明、丰富、新颖、有声有色,有些学生的想象力却是狭窄、肤浅、死气沉沉。有的学生把这种差异归因于自己的大脑不够发达,这是不太恰当的。心理学家研究指出:人的大脑皮层分感受区、判断区、存储区、想象区这四个功能区。而想象区的功能,在一般情况下,只动用了15%。这个研究告诉我们,这部分想象力不太丰富的学生只要与教师密切配合,通过多种途径和方法来训练和培养自己的想象力,一旦这种巨大的潜在想象力被充分激发出来,就能成为想象力丰富的有用之才了。

(1) 学会模仿:古往今来,有许多功成名就的时代骄子都是从模仿导师的长处而受到教益开始,然后再在前人的基础上加以创新,走出自己的新路来的。无论是王羲之练字、白居易写诗、苏东坡作词、少林僧练拳,都是从模仿到创造这一想象力发展的结果。我国学者徐明认为一个人想象力的培养,模仿往往是第一步。这好比小学生临摹练字,一笔一画、一撇一捺都得照着字帖,性急不得,天长日久就会写出与字帖一样的漂亮字来。其实,模仿的过程就是你抓住事物的外部和内部特征的联系过程。通过模仿,你就能逐渐认识事物之间某些必然的联系。掌握了模仿这种方法,你就会自觉地把一种事物与和它有联系的另一种事物进行对比,这就是想象了。相信通过一段时间的模仿,你的想象力会发展得很快的。

(2) 扩大视野:心理学研究证实,一个人大脑中表象的数量和质量将直接影响想象活动的进程和结果。表象越丰富,想象就越开阔;表象越具体,想象就越生动。若缺乏这种表象,想象的翅膀就无法展开,更不能飞翔。如果你明白了这个道理,你可以利用节假日,和你的同学、好友乃至父母一起游览、参观、访问、散步,积极参加各项集体活动,尤其是科技实践活动,并通过这些活动扩大视野,增加感性认识,积累生活经验,捕捉各种形象,丰富头脑中的表象,就会为发展你的想象力提供坚实的基础和有力的保证。

(3)培养爱好:在日常生活中,你是否会发现在你思考问题的时候,如果从一个角度百思不得其解而感到山穷水尽时,只要适当变换一个角度,或许能柳暗花明、豁然开朗,问题迎刃而解。如电影机的发明者法国的卢米埃尔兄弟在发明过程中曾碰到过一个相当棘手的问题:如何解决电影胶片带的牵引问题,并长时间为之苦恼不已。后来,这对对缝纫机有独到研究的兄弟,通过缝纫机压脚的原型启发,借助丰富的想象,终于攻破了这一技术难关。因此,广阔的兴趣和多方面的爱好可以使各种知识相互补充和启发,促使你的思路开阔,从而使你的想象力有更广阔的天地。培养广泛的兴趣和多方面的爱好是你训练和丰富自己想象力的一条有效的途径。

(4)艺术熏陶:众所周知,艺术是人类社会生活最形象、最生动的体现。其思维形式更多的是形象思维,这比起抽象的公式、概念来,没有过多的限制,所以艺术的想象特点更丰富、更具体。此外它又具有浓郁的人类实际生活的感情色彩,所以就更容易被人们接受。因此许多心理学家都十分强调艺术修养对培养、训练人的想象力的价值,通过艺术的熏陶来提高人的想象力。我们提倡艺术的熏陶和积极的想象,在身临其境的过程中,使你再造想象。

信息窗

想 象 类 型

承前所述,人们在多数情况下进行的想象活动都是有意的,对于这些有意的想象,根据上述的特征的不同,还可以分为再造想象和创造想象两种。而幻想又是创造想象中的一种特殊形式。

1. 再造想象

也许你未到过长沙,未见过岳麓山、湘江、橘子洲头的秋色,但当你学习并朗读毛泽东主席的《沁园春·长沙》时,如图4-5-5所示,会在脑海中形成一幅"岳麓山、湘江、橘子洲头的秋天景色图"的新形象,这就是再造想象。

图 4 - 5 - 5

再造想象不是想象者自己独立创造出来的,而是根据现成作品的描绘,在自己头脑中再现出别人创造的形象。它有可能使你超越个人狭隘的经验范围和时间、空间的限制,获得更多的知识,从而无限地扩大你的知识范围;还可以使你更好地理解抽象的知识,使它变得具体、生动,易为你所接受和掌握。

2. 创造想象

你有没有看过电视连续剧或长篇小说《西游记》? 主人公孙悟空是作者吴承恩根据猴子的原有形象,通过丰富的想象创造出来的。猴王学艺、龙宫借宝、大闹天宫、保护唐僧西天取经,沿途除妖、降魔、伏虎,最后获得金身正果,这都是创造想象。创造想象是人们根据预定的目的,通过语词,对已有的表象进行选择、加工、改组,从而创造出来的。它是一种既来源于现实,又大大地超脱现实的巨大的智力活动过程。

3. 科学幻想

早在千百年前,人们就有了千里眼、顺风耳、风火轮、龙宫探宝、嫦娥奔月等与生活愿望相结合并指向未来的想象,如图 4 - 5 - 6 所示。它所想象的是人们所期望的未来事物的美好形象,这就是幻想。正是这些幻想,推动着人们去从事各种科学的创造活动。经过一代又一代人的努力,这些幻想大部分都实现了。人们发明了电视、电话,使千里眼、顺风耳变成了事实。还有如火箭、宇宙飞船、潜水艇等的发明可以让人们去月

图 4 - 5 - 6

球遨游,去龙宫探宝。

富于幻想,是青少年的显著特征。科学幻想能在一定程度上影响你的生活道路和所能达到的成就。凡是意志坚强和思想活跃的人,绝不会没有幻想。我们追求的应当是一种积极的科学的幻想,即理想,并应该不屈不挠地为之奋斗。切不能不顾或不懂事物发展的规律,幻想不切实际或永远达不到,或以幻想代替实际行动等。这些幻想都是消极的空想,是绝对不可取的。

解密室

智慧翅膀

想象是一种具有很高自由度的创造性的思维活动,它是你智慧的翅膀。想象为你的成才营造了一个自由的发展空间。通过想象,你能视通万里、思接千载,于吟咏之间,吐纳珠玉之声,于眉睫之前,舒卷风云之色。不仅能使你创造性地将记忆中的表象合成新的意象,更能使你发展自由活泼的个性。

想象对你的学习生活起着定向、深化和推动的作用。因此,在平时的学习中,你必须加强对想象力的训练。要学会模仿、扩大视野、培养爱好,通过艺术熏陶、静坐开慧等方法,通之于情,使你的想象力能在再造的基础上向着创造升华,从而使你能在知识的原野上纵横驰骋。

演练场

小试牛刀

通过本节的学习,你对自己的想象力是如何评价的? 请撰写一篇"我的想象能力"千字文,让你的父母给其作出"合格、优秀、点赞"的评价。

第六节　催开智慧花朵

小故事

创 造 宣 言

陶行知毕生从事平民教育事业，提出"以教人者教己，在劳力上劳心"的口号，并且真正做到身体力行，曾自撰"捧着一颗心来，不带半根草去"的对联自勉。他的《创造宣言》激励了一代又一代人，他也成为了宋庆龄眼中的"万世师表"，被毛泽东称赞为"伟大的人民教育家"，如图4－6－1所示。

陶行知在《创造宣言》中这样说："教师的成功是创造出值得自己崇拜的人。先生之最大的快乐，是创造出值得自己崇拜的学生。说得正确些，先生创造学生，学生也创造先生，学生先生合作而创造出值得彼此崇拜之活人。倘若创造出丑恶的活人，不但是所塑之像失败，亦是合作塑像者之失败。"

图 4－6－1

"有人说：年纪太小，不能创造，见着幼年研究生之名而哈哈大笑。但是当你把莫扎特、爱迪生及冲破父亲数学层层封锁之帕斯加尔（Pascal）的幼年研究生活翻给他看，他又只好哑口无言了。

有人说：我是太无能了，不能创造。但是鲁钝的曾参传了孔子的道统，不识字的慧能，传了黄梅的教义。慧能说：'下下人有上上智。'我们岂可以自暴自弃呀！可见无能也是借口。蚕吃桑叶，尚能吐丝，难道我们天天吃米饭，除造粪之外，便一无贡献吗？

……

所以，处处是创造之地，天天是创造之时，人人是创造之人，让我们至少走两步退一步，向着创造之路迈进吧。"

点金石

创造力

陶行知认为,创造是一个民族生生不息的活力,是一个民族文化中的精髓。他提倡创造教育,认为创造教育是培养民族活力的教育,是培养学生"独出心裁"能力的教育。这种"独出心裁"的能力就是创造力。

创造力是根据一定的目的和任务,开展能动的思维活动,产生新认识、创造新事物的能力。创造力不是一种单一的心理活动,而是一系列连续的、复杂的和高水平的心理活动。

1. 产生新认识

这里的新认识是指从无到有的知识,即从未有过的知识。如牛顿创造的经典力学体系,它包括产生新的概念、发现新的规律等。具有产生新认识的能力就是创造力,牛顿就是一个具有创造力的天才。

(1)产生新概念:与牛顿经典力学体系相关的概念有:质量、时间、位移、速度、加速度、力、动量等。当然这些概念并不都是牛顿最先提出的,但是牛顿将其作了部分的改造后纳入其经典力学体系,也是在创造。这好比铅笔加上了橡皮后变成了橡皮铅笔,橡皮铅笔就是对铅笔的创造一样。例如,动量的概念先是由法国的笛卡儿提出,质量和速率的乘积是一个合适的物理量。可是后来,荷兰的惠更斯在研究碰撞问题时发现:按照笛卡儿的定义,两个物体运动的总量在碰撞前后不一定守恒。牛顿在总结这些人工作的基础上,把笛卡儿的定义作了重要的修改,即不用质量和速率的乘积,而用质量和速度的乘积,这样就找到了量度运动的合适的物理量。牛顿把它叫作"运动量",就是我们现今说的动量。1687 年,牛顿在他的《自然哲学的数学原理》一书中指出:某一方向的运动的总和减去相反方向的运动的总和所得的运动量,不因物体间的相互作用而发生变化;还指出了两个或两个以上相互作用的物体的共同重心的运动状态,也不因这些物体间的相互作用而改变,总是保持静止或做匀速直线运动。

在光学方面,牛顿也取得了巨大成果。他利用三棱镜试验了白光分解为有颜色的光,最早发现了白光的组成。他对各色光的折射率进行了精确分析,说明了色散现象的本质,如图 4 - 6 - 2 所示。他指出,由于不同颜色的光的折射率和反射率不同,才造成物体颜色的差别,从而揭开了颜色之谜。

在牛顿的全部科学贡献中,数学成就占有突出的地位。他数学生涯中的第一项创造性成果就是发现了二项式定理。微积分的创立是牛顿最卓越的数学成就。牛顿是为解决运动问题,才创立这种和物理概念直接联系的数学理论的,牛顿称之为"流数术"。它所处理的一些具体问题,如切线问题、求积问题、瞬时速度问题以及函数的极

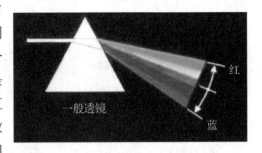

一般透镜

红

蓝

图 4-6-2

大和极小值问题等,在牛顿前已经得到人们的研究了。但牛顿超越了前人,他站在了更高的角度,对以往分散的努力加以综合,将自古希腊以来求解无限小问题的各种技巧统一为两类普通的算法——微分和积分,并确立了这两类运算的互逆关系,从而完成了微积分发明中最关键的一步,为近代科学发展提供了最有效的工具,开辟了数学上的一个新纪元。

(2)发现新规律:牛顿是经典力学理论理所当然的开创者。他系统地总结了伽利略、开普勒和惠更斯等人的工作,得出了著名的万有引力定律和牛顿运动三定律。牛顿发现万有引力定律是他在自然科学中最辉煌的成就。那是在假期里,牛顿常常来到母亲的家中,在花园里小坐片刻。有一次,像以往屡次发生的那样,一个苹果从树上掉了下来,如图 4-6-3 所示。一个苹果的偶然落地,却是人类思想史的一个转折点,它使那个坐在花园里的人的头脑开了窍,引起了他的沉思:究竟是什么原因使一切物体都受到差不多总是朝向地心的吸引呢?牛顿思索着。终于,他发现了对人类具有划时代意义的万有引力。他认为太阳吸引行星,行星吸引行星,以及吸引地面上一切物体的力都是具有相同性质的

图 4-6-3

力。他还用微积分证明了开普勒定律中太阳对行星的作用力是吸引力,证明了任何一曲线运动的质点,若是半径指向静止或匀速直线运动的点,且绕此点扫过与时间成正比的面积,则此质点必受指向该点的向心力的作用,如果环绕的周期之平方与半径的立方成正比,则向心力与半径的平方成反比。牛顿还通过大量实验证明了任何两物体之间都存在着吸引力,总结出了万有引力定律。

2. 创造新事物

这里的新事物是指从无到有的事物,即从未有过的事物,这就是发明创造。如爱迪生发明了对世界有极大影响的留声机、电影摄影机、电灯等,如图 4-6-4 所示。美国第 31 任总统胡佛对爱迪生的一生则作了最精彩的点评:"他是一位伟大的发明家,也是人类的恩人。"

图 4-6-4

(1)发明新产品:爱迪生是个异常勤奋的人,喜欢做各种实验,制作出了许多巧妙机械。他对电器特别感兴趣,自从法拉第发明电机后,爱迪生就决心制造电灯,为人类带来光明。他在认真总结了前人制造电灯的失败经验后,制订出详细的试验计划,分别在两方面进行试验:一是分类试验 1 600 多种不同耐热的材料,二是改进抽空设备,使灯泡有高真空度。他还对新型发电机和电路分路系统等进行了研究。他将 1 600 多种耐热发光材料逐一地试验下来,发现唯独白金丝性能量好,但白金价格贵得惊人,必须找到更合适的材料来代替。1879 年,几经实验,爱迪生最后决定用炭丝来作灯丝。他把一截棉丝撒满炭粉,弯成马蹄形,装到坩埚中加热,做成灯丝,放到灯泡中,再用抽气机抽去灯泡内空气,电灯亮了,竟能连续使用 45 个小时。就这样,世界上第一批炭丝的白炽灯问世了。1879 年除夕,爱迪生电灯公司所在地洛帕克街灯火通明。

为了研制电灯,爱迪生在实验室里常常一天工作十几个小时,有时连续几天试验。发明炭丝作灯丝后,他又接连试验了 6 000 多种植物纤维,最后又选用竹丝。竹丝通过高温密闭炉烧焦,再加工,得到炭化竹丝,装到灯泡里,再次提高了灯泡的真空度,电灯竟可连续点亮 1 200 个小时。电灯的发明曾使煤气股票 3 天内猛跌 12%。继爱迪生之后,1909 年,美国柯进尔奇的发明用钨丝代替炭丝,使电灯效率猛增。从此,电灯跃上新台阶,日光灯、碘钨灯等形形色色的灯如雨后春笋般登上照明舞台。灯使黑暗化为光明,使大千世界变得更加光彩夺目,绚丽多姿。

(2)创造新事物:马云是阿里巴巴集团主要创始人,现担任阿里巴巴集团董事局主席。阿里巴巴就是马云创造的新事物,如图 4-6-5 所示。2016 年 10 月,马云及其家属财富增长 41% 到 2 050 亿,位列 2016 年胡润百富榜第二位。

1999 年,本为英语教师的马云与另外 17 人在杭州市创办了阿里巴巴网站,为中小型制造商提供了一个销售产品的贸易平台。

图 4-6-5

其后,阿里巴巴茁壮成长,成为了主要的网上交易市场,让全球的中小企业透过互联网寻求潜在贸易伙伴,并且彼此沟通和达成交易。阿里巴巴网络有限公司于 2007 年 11 月 6 日在香港联合交易所上市,现为阿里巴巴集团的旗舰业务。

马云被著名的世界经济论坛选为"未来领袖"、被美国亚洲商业协会选为"商业领袖",是 50 年来第一位成为《福布斯》封面人物的中国企业家,并曾多次应邀为全球著名高等学府讲学,如图 4 - 6 - 6 所示。

图 4 - 6 - 6

自阿里巴巴于 1999 年成立以来,基于阿里巴巴价值观体系的强大的企业文化已成为阿里巴巴集团及其子公司的基石。阿里巴巴集团有六个核心价值观,它们支配他们的一切行为,是公司 DNA 的重要部分。在有关雇用、培训和绩效评估的公司管理系统中融入了"客户第一、团队合作、拥抱变化、诚信、激情、敬业"这六个核心价值观。阿里巴巴从中国杭州最初 18 名创业者开始成长为在全球三大洲 20 个办事处拥有超过 5 000 名雇员的公司。

信息窗

创 造 性

科技创新人才的主要特征是创造性,它由创造性意识、创造性思维过程和创造性活动三部分组成。在这些组成部分中,其核心是创造性思维。它包括发散思维、收敛思维、形象思维、直觉思维、逻辑思维、辩证思维和立体思维这七种基本形式。它的发展是一个由"隐含"到"显露"的内化过程。创新人才创造力的大小取决于创造思维的水平,影响创造思维的因素是创造思维的品质。

1. 流畅性

它是指思考和解决问题的思维速度是否敏捷和顺畅。如笔者在中考物理图像专题复习时,引导学生对一次函数图像的拓展应用,如图 4 - 6 - 7 所示。有个学生在短短的两分钟思考后,一口气说出 7 个应用,而且富于创新,说明他思维的流畅性很好。

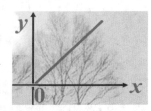

图 4 - 6 - 7

他认为:将数学中的一次函数图像应用于物理,就是用比值法来定义的物理量,我们学到的有:速度 $v=s/t$、密度 $\rho=m/V$、压强 $p=F/S$、功率 $P=W/t$、电阻 $R=U/I$、热值 $q=Q/m$、机械效率 $\eta=W_{有}/W_{总}$ 等,只要这些比值($k=y/x$)都是个定值的话,可以用正比函数图像来描述它,该物理量 k(不变量)就是其图像的斜率,即这两个物理量 y 随 x 的变化率。

2. 方向性

它是指思考和解决问题的思维是否有一定的方向,它可以避免创造思维的盲目性。创造思维中的发散思维和收敛思维都具有方向性。它们的思维指向性都非常明确。

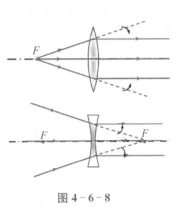

我们可以将收敛思维比作凸透镜,将发散思维比作凹透镜,其思维的方向性就不难理解了,它们的思维方向都对准焦点,如图 4-6-8 所示。它们能解决思维过程的方向问题。其实立体思维也有方向性,我们可以将其比作显微镜和望远镜,如图 4-6-9 所示。其中图 A、图 B、图 C 分别为伽利略望远镜、开普勒望远镜和显微镜的光路原理图。

图 4-6-8

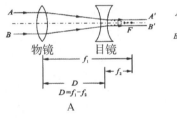

A

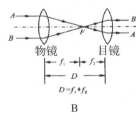

B

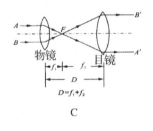

C

图 4-6-9

3. 变通性

变通性又称思维的自由度,它指克服人们头脑中某种僵化的思维框架,按照某一新的方向来思索问题的过程,或是改变思维方向和范围的能力。变通性需要借助横向类比、跨域转化、触类旁通,使发散思维沿着不同的方面和方向扩散,表现出多样性和多面性。

在图 4-6-9 中,既有发散思维,也有收敛思维;既可顺向思维,又能逆向思维,还可以立体思维,其变通的能力大小,可类比为图中的焦距来决定。

4. 独创性

它是指超越固定的认知模式,以逻辑与非逻辑的思维巧妙结合,得出新的结论。它是"独立思考创造出社会(或个人)价值的具有新颖性成分的智力品质"。

如哥白尼系统地提出了与地心说大相径庭的"日心说",认为太阳是宇宙的中心,是静止不动的;地球只是一颗普通行星,它和其他行星一样,围绕太阳公转,在它公转的同时还在自转,地球自转一周就是一天;月亮是地球的卫星,它在围绕地球运行的同时,还跟着地球一起绕太阳运动。哥白尼的学说还从数学上证明,利用日心体系的匀速圆周运动组合能使行星及其轨道顺序吻合得相当好,其最明显的优点是给予许多天文现象以正确的解释。日心说不仅在天文学方面是一个飞跃,并且由于它对神学的否定而极大地影响了其他科学的发展,产生质的飞跃,这就是哥白尼创造思维的独创性品质。

5. 深刻性

它是指思考问题的深度,即善于抓住事物的本质和规律,把握事物发展的方向与趋势。就是不停留在事物的表面现象上,洞察事物的本质以及各事物之间的相互关系,从事物的联系上理解事物的本质,掌握事物发展的规律。

如牛顿发现的万有引力定律,深刻地揭示了宇宙间任何两个质点都彼此互相吸引,引力的大小与它们质量的乘积成正比,与它们之间的距离平方成反比,即 $F = Gm_1m_2/r^2$。牛顿的这一发现为日心说提供了有力的证据。他认识到,使行星绕太阳运行并保持与太阳有一定距离的轨道的力量有两种:惯性和引力。在椭圆轨道上,行星飞离太阳的惯性趋势正好与太阳对它的引力吸引使它接近的趋势互相平衡。所有的天体都依照其质量发挥出引力。牛顿曾阐释,月亮受到地球质量的吸引力的同时,它本身也有吸引力,如吸动地球表面的液体,因而产生海洋潮汐等现象,这就是创造思维的深刻性。

6. 广博性

它是指思维的多渠道、多层次、多手段的想象和创意联想。前述的立体思维就是多条思维路线互相渗透、相互作用、彼此调剂,从而实现最优的组合。

如当今的互联网,将两台计算机或者是两台以上的计算机终端、客户端、服务端通过计算机信息技术的手段互相联系起来的结果是人们可以与远在千里之外的朋友相互发送邮件、共同完成一项工作、共同娱乐。同时,互联网还是物联网的重要组成部分,根据中国物联网校企联盟的定义,物联网是当下几乎所有技术与计算机互联网技术的结合,让信息更快更准地收集、传递、处理并执行。马云的阿里巴巴集团旗下5大子公司阿里巴巴、阿里软件、淘宝网、支付宝、雅虎口碑等已经遍布世界各地,获得巨大的成功,这就是创造思维的广博性品质。

7. 预见性

创造思维还能通过联想来推测未来的发展。如天文学家正是根据牛顿的万有引力定律,终于发现了用肉眼看不到的遥远的海王星和冥王星。事情是这样的:人们通过对天王星轨道的研究,发现它的实际运行轨道总是与运用万有引力定律计算出来的不一致,从而预测出天王星外面一定还有一颗未知的行星。这颗行星的距离更远,光线更弱。经过长期努力,英国的亚当斯和法国的勒维烈,计算出了这颗行星在天空中的位置。1846 年 9 月 23 日,天文学家终于发现了这颗行星,并给它命名为"海王星"。天文学家在发现海王星后,发现它在绕太阳转的时候,也会偏离根据万有引力定律算出来的轨道。这激起了人们的兴趣,在几十年的时间中,天文学家用计算机和观测等多种方式,去寻找另一颗新星。1930 年 3 月 13 日,青年天文学家汤博在检查他拍摄的星空照片时,从两万多颗星中认出了这颗行星。它离太阳约 59 亿公里,表面温度在零下 229 摄氏度。它阴暗寒冷的外表特征与古希腊神话中管理阴间地狱的冥王普鲁托相似,从而得名"冥王星"。

解密室

智慧花朵

科技创新人才的主要特征是创造性,它由创造性意识、创造性思维过程和创造性活动三部分组成。在这些组成部分中,其核心部分是创造性思维过程,其成果体现在创造性活动中,其表现形式就是创造力。

创造力是根据一定的目的和任务,产生新认识、创造新事物的能力,它是你智慧的花朵。要使这朵花常开常新,你除了不断地学习新知识、产生新认识,积极参加发明创造活动、创造新事物外,还得重视创造性思维的过程锤炼,它包括发散思维、收敛思维、形象思维、直觉思维、逻辑思维、辩证思维和立体思维这七种基本形式。这七种创造性思维的训练,可以提高你思维的流畅性、方向性、变通性、独创性、深刻性、广博性和预见性。祝愿你的智慧之花在创造性思维的训练过程中越开越鲜艳,你的成才之路就会越走越宽广。

演练场

小试牛刀

通过本节的学习,你对创造力和创造性是如何理解的?请撰写一篇"我的创造能力"千字文,让你的父母给其作出"合格、优秀、点赞"的评价。

瞭望角

本 章 总 结

综观各节所述,你是否已经感悟到智力对你的成才是多么的重要?它是你进行认知活动的保证,主要由注意力、观察力、记忆力、思维力、想象力和创造力这六个基本因素有机结合而成,但又不是这六个基本因素简单的机械相加的结果。构成智力的这六个基本因素都发挥着自己相对独立的作用,又存在着密切联系、相互制约、彼此影响的关系。其中的思维力是智力的核心,创造力是智力发展的高级阶段。如果把思维力比作智力活动的加工厂的话,那么注意力就是这家工厂的材料采购员,观察力就成了这家工厂的情报信息员,记忆力充当了这家工厂的仓库保管员,想象力犹如广告推销员,创造力则成了这家工厂的拳头产品。

与此同时,你是否还能感悟到:注意力是你进行智力活动的门户和警卫,是你智慧的窗户,需要打开,吸收外来的智慧阳光。观察力是你进行智力活动的双眼和源泉,是你智慧的眼睛,需要擦亮,品察周围世界。记忆力是你进行智力活动的宝库和基础,是你智慧的仓库,需要充实。思维力是你进行智力活动的核心和土壤,是你智慧的心脏,需要保养。想象力是你进行智力活动的双翅和灵感,是你智慧的翅膀,需要挥舞。创造力是你进行智力活动的武器和法宝,是你智慧的花朵,需要开放。

如果你对上述各节所述智力的六个方面进行卓有成效的训练,并经过六次小试牛刀后都能得到你父母的点赞的话,相信你智慧的窗户就会打开,知识的阳光一定会向你扑面而来；你智慧的眼睛就会擦得更亮，科学殿堂中哪怕是不起眼的角落也不能从你的眼皮底下溜过；你智慧的仓库就会变得更加富有，在你需要时任你尽情提取；你智慧的核心就会变得更加坚强，你在分析问题和解决问题时就会活力四射；你智慧的翅膀就会变得更加扎实，任你在知识的阔海高天展翅翱翔；你智慧的花朵就会四季不败、常年如春。

相信你通过本章的解读和感悟，会站在厚实的知识基础上，凭着你超群的智力背景大展宏图，实现你那美好的成才理想。

收获篇

再试牛刀

通过本章的学习与总结，你对智力及其背景是如何感悟的？请撰写一篇"我的智力背景"千字文，让你的父母给其作出"合格、优秀、点赞"的评价。

撰写提示：所谓智力背景，就是指你原有的智力积累和生活经验。智力背景之于学习，犹如土地之种子。种子撒在沙漠里，就别指望有什么好收成，种子撒在沃土里，才有丰收的可能。智力背景越宽阔，你的思维就越活跃，想象就越丰富，接受能力就越强，你就越具有创造性。

第五章 心灵塑造的秘密

　　谁不想学业有成、事业成功？然而有许多人，他们虽有成功的智力条件，却从未体验过成功的欢乐。为什么有的人不断地有新的成果出现，而有的人整天忙忙碌碌却一事无成呢？心理学的研究表明，成就大小之人的差异，不是智力本身，而是取决于一个人的动机、兴趣、情感、意志、性格和品格等内在的动力因素。其中的动机是点亮你心灵的一盏明灯，兴趣是架起你心灵的一座天桥，情感是点燃你心灵的一支火苗，意志是浇铸你心灵的一座熔炉，性格是开启你心灵的一把钥匙，品格则是激活你心灵的一个世界。

第一节　点亮心灵明灯

小故事

为中华之崛起

　　人民的好总理周恩来在 12 岁那年离开了家乡，到沈阳的东关模范学校读书，如图 5－1－1。有一天，上修身课，魏校长向同学们提出一个问题："请问诸生为什么而读书？"同学们踊跃回答。有的说："为明理而读书。"有的说："为做官而读书。"也有的说："为挣钱而读书。""为吃饭而读书"……周恩来一直静静

图 5－1－1

地坐在那里,没有抢着发言。魏校长注意到了,打手势让大家静下来,点名让他回答。周恩来站了起来,清晰而坚定地回答道:"为中华之崛起而读书!"

魏校长听了为之一振。他怎么也没想到,一个12的孩子竟有如此的抱负和胸怀!他睁大眼睛又追问了一句:"你再说一遍,为什么而读书?""为中华之崛起而读书!"周恩来铿锵有力的话语,博得了魏校长的喝彩:"好啊!为中华之崛起!有志者当效周生啊!哈哈哈!"少年周恩来在那时就已经认识到,中国人要想不受帝国主义欺凌,就要振兴中华。读书,就要以此为目标。

 点金石

激 发 动 机

1. 动机的意义

我们知道,人的各种活动都是由一定的动机所引起的。毫无例外,你的学习也为一定的学习动机所支配。学习动机是直接推动你进行学习的内部力量,它是一种学习需要在你内心深处的客观反映,常常表现为你对学习的意向、愿望或兴趣。

(1) 动机含义:学习动机的含义可以用这样的公式来表示:学习动机＝学习需要＋学习诱因,这里所说的诱因是指外在刺激转变为引起的具体事物。它可以是物质的。例如,你在考试或竞赛中获得全班或全校的第一,你的父母就奖励给你一台学习外语用的收录机等。它也可以是精神上的。它可以是短期的,也可以是长期的。诱因的社会意义越大,产生的动机便越强烈、持久和稳定。

(2) 诱因表现:学习中的诱因具体表现为学习目的、学习目标、奖励惩罚、升学就业等。例如,你刚进入初二,要学习一门新的课程《物理》,通过序言的学习,你知道物理既有趣又有用。这个"有趣"就是诱发你学好物理的一个诱因,这个"有用"让你把学习物理看成将来参加工作的一种需要。所以,物理知识的有趣和有用就成了你学好物理的诱因和需要,也就成为你学习物理的动机,成为引起、维持和推动你学习物理的强大动力。

2. 动机的作用

古往今来的名人都把"立志"作为学习的必要条件,他们说:志不立,天下无事可成。动机与名人的立志相当,动机对学习的作用,表现在下列三个方面。

(1) 推动作用:在智力水平相同的条件下,成就动机和志向水平较高的学生往往要比成就动机和志向水平较低的学生优秀得多。事实上,如果你在学习中,做一天和尚撞一天钟,势必造成你在学习时难以有高度集中的注意力、稳定愉快的情绪以及优秀的意志品质,就会给你的学习带来一定的困难。因此,良好的学习动机对你的学习必将产生巨大的推动作用。

(2)促进作用:假如你明天要参加物理知识竞赛,想赛出优秀等级的诱因能增强你今晚一定要好好地把有关的知识复习一下的决心,就会促进你把物理这门学科学好。同样,学习也可以反过来促进你学习动机的强化。如果你在今晚加紧复习,并在后来的竞赛中取得了优异的成绩,甚至获得了冠军,你就会对物理产生更加强烈的学习欲望。许多学霸就是在这种相互促进的过程中,不断地将自己推上一个又一个的新高度。从这一意义上而言,提高你学习动机的最好方法是把重点放在对学习的认知活动上,而不是动机本身。通过富有成效的学习水平的提高,即通过你品尝到成功的喜悦,来增强你的学习动机。

(3)催化作用:动机对学习的影响,往往是通过你加强对学习的努力、学习时高度的集中注意力和对学习的积极准备来反映的,它好像是一贴催化剂,能增强你的学习效果。但这种催化作用是有一定限度的。也就是说,适当的催化作用对你的学习有益,过强的催化作用对你的学习不仅无益,反而有害。不少心理学家认为,学习动机的最佳水平既不能太高,也不能太低,这样才能适合各种复杂的学习。平时我们说的,学习目标不能定得过高,也不能定得过低,既不能跳起身来摘月亮,也不能坐着板凳吃桃子,而应该跳一跳才能摘到桃子,就是这个意思。

3. 动机的激发

既然动机对学习有这么大的作用,那么怎样才能有效激发你的学习动机来提高学习效果呢?你可以从以下几个方面,并结合你自身的特点去有效地选择。

(1)树立远大抱负:周恩来一生为国为民鞠躬尽瘁,死而后已。他在青少年时代,就富有革命理想,立志为兴我中华而读书。

在东关模范学堂隆重举行建校两周年纪念会上,当时 14 岁的周恩来感慨万分,挥笔写了一篇《东关模范学校第二周年纪念日感言》的作文。他在文中明确写道:学生读书应以担负"国家将来艰巨之责任"为己任。这篇优秀作文收录在《奉天教育品展览会国文成绩》一书中。后来,周恩来转到天津南开中学读书。他和同学们发起"敬业乐群会"组织。在会刊《敬业》上,他发表了许多诗篇和文章。其中有一首诗写道:"险夷不变应尝胆,道义争担敢息肩?"抒发了他忧国忧民和发愤图强的情怀,表达了他立志革命到底的崇高理想。

(2)明确学习目标:远大的抱负能帮助你树立长远的目标,使你的学习动机的作用稳定而持久。但长远的目标是通过近期的具体目标体现的。而在中学阶段,又是通过每一个学习阶段的具体学习来完成的。因此,你应该对每一个阶段的具体学习都制订一个明确而具体的学习目标。如一位学生的母亲因患肝癌而过早地离开了人世,他在初中时就立下宏愿,长大后要成为一名出色的白衣战士,为肝癌病患者找到康复的福音。因此他发奋学习,确立要考取中国医科大学的远期目标。为了使之成为现实,他又以考上重点中学为中期目标,以初中阶段各个学期争当"三好生"和"学习标兵"为近期目标。所以,他在德智体各方面、各个学科都明确了要求。功夫不负有心人,他一步一个脚印,先进入重点高中,最后如愿以偿考入中国医科大学,真的成为一名远近闻名的白衣战士。

(3) 优化心理因素:心理学的研究指出学习动机的存在不仅需要外在条件的激发,还需要内在心理因素的转化。能转化为学习动机的心理因素很多,如为了满足某种需要、为了达成某种愿望、为了奉行某种信念、为了实现某种理想、为了尽到某种责任、为了获得某种荣誉、为了享受某种乐趣,等等。在一定条件下,上述各种心理因素都可以成为推动你进行学习活动的内部力量。这种由内在心理因素转化而来的动机,其驱动力较强,维持时间也较长。有人对全国 15 所中学 55 个班级的 2 771 名学生做过问卷调查,发现理想与动机的关系非常密切。因而得出结论:有什么样的理想,就有什么水平的学习动机。

(4) 获得成功体验:成功不仅可以提供反映达到预期目标程度的信息,还能对重视后续活动的动机产生影响。如果你把一道同学们普遍感到有难度的有关浮力计算的综合应用题独立分析后顺利地做了出来,你就会对此成功有满足的情感体验。正是这种内心的体验才使你对综合应用题产生了兴趣,激发你学好物理的强烈欲望。所以这些成功的体验,成为你学习动机的激活剂。笔者的一位学生,原来物理成绩从未得到过及格,有一次物理考试,由于他在考前的一个晚上进行了认真的复习,破天荒地获得了第一次及格的成功。虽然及格对班上的优生来说是不足称道的,但对一个从未得到及格的学生来说,应该是一次转折。由于这位学生真的有了这种成功的体验,就激发自己要加倍努力学习的动机。在同学的共同帮助下,他自觉地将以前欠下的学习补上,由第一次的及格逐渐变成良好,由良好变成优秀,中考物理竟然考到 95 分。

(5) 学会动机迁移:这是指在某段时间里,对某些课程缺乏学习动力的情况下,通过自己的心理调节或强制的手段把重视其他活动的动机迁移到课堂学习上来。举个例子,假如你是班里的文艺委员,由于组织部分学生排练节目,以至于达到废寝忘食的地步。此时你的积极性基本上都倾注到文艺活动上了,就势必会影响其他课程的学习。在这种情况下,如果你学会动机迁移的话,就会把对排练节目的积极因素自觉地与学习联系起来,并把这种对文艺的爱好转化为对学科课程的学习需要和学习兴趣。由于动机的适度迁移,既能保证课堂学习的高效率,课后又可以腾出更多的时间用于精心彩排,做到学习、活动两不误。

信息窗

动机成分

就学生而言,学习动机主要由以下三种成分构成。

1. 求知动机

这是指你为学得知识,并指向于学习活动本身的一种学习动力。如果你在这种动机的驱使下学习,那么就是为了从学习活动中获得积极的情感或成功体验,或者是为了满足自己的求知欲望。它主要由学习过程本身所提供,较少受学习活动以外的其他事物的影响,具有较强的稳定性。这种动机是你在学习过程中必须刻意培养的,并力求使之成为你强大的动机成分。只要你学有所得、学有所趣、学有所用,你就会对学习矢志不渝、孜孜以求。

2. 趋奖动机

这是指你为了获得老师、家长、同学的赞赏,为了获得一定的荣誉和身份,指向于外来报偿的一种学习动力。如果你在这种动力的驱使下学习,是为了换取老师、家长、同学等人的认可、重视、偏爱等,那么它在很大程度上要受到他人的影响,具有一定的波动性,这是一种外部动机。这种动机支配下的学习行为,一般只停留在热情、冲动的水准上。你对此应当妥善利用,认真把握。

3. 升学动机

这是指你为升入重点高中或大学,为实现自己目标或期望而学习的一种动力。如果你在这种动力的驱使下学习,目标清晰地指向升学,那么动力作用会随着目标的达成而减弱,甚至消失。它具有阶段性的稳定性,且强度较大。例如,有的学生为考上名牌大学而勤奋学习,但考上名牌大学后,学习的动力反而不如高中时刻苦和用功,原因就在于此。对你而言,明确、具体而又可行的升学目标是帮助你克服惰性、战胜困难、自觉排除外来干扰的强大的精神动力,是支撑你勤奋学习的精神支柱。但这种升学动机也往往会滋长你学习的短期行为,成为你错误的学习导向,使你产生不健康的竞争心理。你对此必须有清醒的认识。

感悟台

小 试 牛 刀

通过本节的学习,你对学习动机是如何理解的？请撰写一篇"我的学习动机"千字文,让你的父母给其作出"合格、优秀、点赞"的评价。

解密室

心 灵 明 灯

综上所述,学习动机是引起、维持和推动你进行学习活动的内部力量。它是由你的学习需要引起的,提供"诱因"形成了你学习心理的原动力,推动着你向着既定目标一路前行。它犹如一盏明灯,照亮你的前行道路;它更是你心灵的一盏明灯,点亮你的成才之路。

学习动机不仅影响你学习动力的产生,还影响你成才的进程和结果。因此,在你成才的过程中,培养和激发自己的学习动机,是你迈向成功的动力之所在。只要你树立远大抱负,明确成才目标,优化心理因素,获得成功体验,学会动机迁移,创设问题情景,进行正确归因,就会产生一种自发的、伴随你整个成才过程的内驱力,你就一定会在心灵明灯的指引下早日成才。

第二节　架起心灵天桥

水煮怀表

据说有一次,牛顿在实验室里做实验,连吃饭的时间也忘了。他的助手便拿了几个鸡蛋,送到实验室去,对牛顿说:"这里有几个鸡蛋,你自己煮来吃吧。"牛顿说:"好,谢谢你,请你把鸡蛋放在那里吧。"说完,他又埋头做起其感兴趣的实验来,如图5-2-1所示。又过了很长的时间,牛顿的肚子饿了,才想起还没吃午餐。于是,他随手拿了一个小锅,把鸡蛋放在锅里,往炉子上一放,又开始做起实验来。

图 5-2-1

过了半个小时,牛顿做完了实验。这时,他才想起锅里的鸡蛋。他打开锅盖一看,里面没有蛋,只有一个怀表。牛顿大吃一惊,抬头一看,鸡蛋还在桌子上,可是桌上的怀表却不见了。原来牛顿太过专心于实验,结果把怀表当成鸡蛋来煮了。

培养兴趣

上述故事说明,兴趣可以使人废寝忘食,专心致志,甚至达到错把怀表当鸡蛋的地步。

孔子是世界公认的做了一辈子学问的大学问家,可以说是学而不厌、诲人不倦,个中滋味如何呢?据他自己所言,是学问中的兴趣吸引了他,使他恋此不舍,以致达到

"不知老之将至"的地步。

1. 兴趣的特征

兴趣是很有魅力的。

（1）吸引力：兴趣的最大特征就是具有吸引力。看球赛、做实验、做学问，都需要有吸引力。没有吸引力，足球迷们不会在深更半夜等着看足球比赛，也就谈不上乐此不疲。牛顿也不会在实验室里达到废寝忘食的地步，也就不可能成为一代科学巨匠。孔子就做不成学问，也成不了大学问家。

（2）选择性：心理学认为兴趣是人主动认识某种事物或重视某种活动的意识倾向，是人对事物或活动的选择性态度。喜欢集邮的学生总是千方百计收集和交换纪念邮票，甚至从嘴里"抠出"喝饮料的钱，积少成多，成套地购买邮票。而小棋迷呢？在去为父母购买做菜的佐料时，看到有人在小店前摆下棋盘，"杀"得难分难解，会停下来聚精会神地"观战"，结果却误了家长的"大事"。

（3）需要性：其实，兴趣与人的需要有着密切的关系，兴趣是以需要为基础的，需要越强烈，兴趣就越浓厚。若你对某件事物或某项活动感到需要，你就会热心于接触、观察这件事物，积极从事这项活动，并注意探索其中的奥秘。例如，班主任吩咐你为班级出一期黑板报，你接到任务后，会认真练好粉笔字，并对报纸杂志上的题头、插花和插图产生浓厚的兴趣，多方收集，供出黑板报时参考。

（4）情感性：兴趣又与认识和情感相联系。若对某件事物或某项活动没有认识，也就不会对它有情感，因而不会对它有兴趣。反之，认识越深刻，情感越炽烈，兴趣也就会越浓厚。从系统结构而言，学习兴趣是学习动机中最现实、最活跃的成分，是你力求认识世界，渴望获得科学文化知识的带有情感色彩的认识倾向。学习兴趣可以架起你心灵的天桥，使你在知识的海洋中尽情地遨游。

2. 兴趣的作用

兴趣对一个人的个性形成和发展、对一个人的生活和活动有巨大的作用，这种作用主要表现在以下几个方面：

（1）推动作用：兴趣是一种具有浓厚情感的志趣活动，它可以使人集中精力去获得知识，并创造性地完成当前的活动。著名华人诺贝尔奖获得者丁肇中教授（图5-2-2）就曾经深有感触地说："任何科学研究，最重要的是要看对自己所从事的工作有没有兴趣，换句话说，也就是有没有事业心，这不能有任何强迫……比如搞物理实验，因为我有

图5-2-2

兴趣,我可以两天两夜甚至三天三夜在实验室里,守在仪器旁,我急切地希望发现我所要探索的东西。"正是兴趣和事业心推动了他所从事的科研工作,并使他获得巨大的成功,获得了诺贝尔奖。

(2)组织作用:兴趣是一种基本的积极的情感,它在人的心理活动中具有组织的作用。达尔文从幼年时代起,就对各种生物产生了极其浓厚的兴趣。他狂热地收集昆虫和植物,采集贝壳和化石,他的卧室简直成了小博物馆。尽管他的父亲强迫他学习医学和神学,但是由于他对生物的兴趣,还是走上了终生研究生物的道路。通过大量感知材料的收集整理、组织归纳,他提出了生物进化论,为生物学的发展树立了新的里程碑。

(3)促进作用:兴趣会促使人深入钻研、创造性地工作和学习。就中学生而言,对一门课程感兴趣,会促使他刻苦钻研并且进行创造性的思维,也会使他的学习成绩大大提高,而且会大大改善他的学习方法,提高学习效率。

由此可知,人的兴趣不仅是在学习、活动中发生和发展起来的,而且又是认识和从事活动的巨大动力。它可以使智力得到开发,知识得以丰富,眼界得到开阔,并会使人善于适应环境,对生活充满热情。兴趣确实对人的个性形成和发展起巨大作用。

3. 兴趣的培养

教育家苏霍姆林斯基认为:学生对学习的冷淡态度比学习成绩不良更为可怕。他还说:学习兴趣是学习活动的重要动力。既然学习兴趣对学习的作用有如此之大,那么通过怎样的途径才能培养兴趣呢? 可从以下几个方面入手。

(1)增加知识储备:知识是兴趣产生的基础条件,因而要培养某种兴趣,就应有某种知识的积累。如要培养发明的兴趣,就应先接触一些与发明有关的材料,体验一下发明的快感,了解一些发明的基本技法,这样就可能诱发出发明的兴趣来。知识越丰富的人,兴趣也越广泛;而知识贫乏的人,兴趣也会是贫乏的。

(2)开展有趣活动:我们每上一堂新授课时,学生往往表现出极大的兴趣,而且潜能也较容易激发,但自上了复习课起,学生的兴趣就大不如前,有的甚至随着教学的深入、难度的增加而失去兴趣。树人少科院组织学生开展的课外实践活动,能培养学生学习实践操作、动手动脑、发明创造的兴趣。不少学生甚至迷上了科技活动,在中国少年科学院"小院士"课题研究成果展示交流活动中,有78位学生的研究成果获得一等奖,成为中国少年科学院的"小院士"。

(3)激发学习愿望:苏霍姆林斯基指出:培养学习愿望是培养强烈兴趣的稳固情感状态。他还认为:发生在教学过程中的孩子的激情,在培养学习愿望方面起着巨大的作用。也就是说,你要在学习过程中,把学好中学阶段所开设的课程看作成才的必修课,你要把学好这些课程都变为你学习的强烈愿望。即使在你学习发生困难的时候,也决不回避这些困难,而应坚定地走上克服困难的道路。因为这条道路虽然艰苦,却有收获。树人少科院的学生其实在课题研究中遇到的困难是相当多的,但当他们成为中国少年科学院的小院士时,其成功的喜悦更能激发其课题研究的兴趣,形成良性循环。

(4)培养间接兴趣:所谓间接兴趣就是人对活动的结果及其重要意义有着明确认识之后所产生的兴趣。这种兴趣是由于认识到学习的意义和价值而引起了求学的状态,既有理智色彩,又与个人的指向密切连带;既有远景规划,又有持久的定向作用,且不会偶遇挫折便轻易悔改。如有的学生将当前的学习与国家对科技创新人才的迫切需求,与祖国的科技强国梦结合了起来,将科学研究、发明创造作为自己的兴趣进行培养,这无论是对国家还是于个人,都是值得的、应该的。

信息窗

兴趣成分

由于人们需要的多样性,兴趣也表现在许多方面。更由于学习是一种精神上的需要,就更需要兴趣的介入,即学该有趣、学贵有趣。这种兴趣包括以下三种成分。

(1)志趣:这是指行动或意志的趋向与吸引。其实人做任何事情都有他明确的目的,或想成为学者和专家,或想获得某一知识,或想钻研某个问题,因此必须有一个较稳定的目标。如果你的目标是将来要当一名好教师,就必须要有精深的专业知识和广博的科学文化知识,你的行动和意志就会被这一目标强烈地、稳定地占有,你就会向这一方向努力,就说明你已经有了当一名好教师的志趣。

(2)情趣:这是指情感上的趋向与吸引。学知识光有志趣还不够,志趣只能使你在理智上对某个问题产生研究兴趣,给你一种行动趋向上的吸引;而情趣则帮助你产生较强而稳定的热情,这正是你进行学习的关键。没有情趣,学习往往会半途而废,很难善始善终。例如,有的人看电视可以看上几个小时,有的人打麻将可以通宵达旦。这说明这些人对娱乐、赌博产生了极大的情趣。不过,这些只是一种非高级的乃至低级的情趣,或可称之为低级趣味。如果你在学习上能保持这么大的热情,那么这就会成为你学习上的情趣。

(3)乐趣:这是指一种乐在其中的情趣。学习知识就需要这种乐趣,正是这种乐趣才使无数的专家、学者、名人誉满天下。历史上有多少仁人志士安贫乐道几年、几十年乃至一生,为某一科学孜孜以求,靠的就是这种乐趣。例如,阿基米德巧辩王冠的动人故事:国王交给他一个难题,弄清王冠是否用纯金制成的。他冥思苦想,以致食不甘味、夜不成寐。一天，他坐进浴盆洗澡，他发现水从盆中溢了出来时，顿悟出浮力排水原理，难题迎刃而解。这时，阿基米德欣喜若狂，从浴盆里跳了出来，连衣服也顾不上穿，就往外跑，口中高喊："我发现了！"其成功后的乐趣也由此可见一斑，如图5-2-3所示。

图 5-2-3

感悟台

小 试 牛 刀

通过本节的学习，你对学习兴趣是如何认识的？请撰写一篇"我的学习兴趣"千字文，让你的父母给其作出"合格、优秀、点赞"的评价。

解密室

心 灵 天 桥

综上所述，学习兴趣是由你学习的需要所表现出来的一种认识倾向，是推动你满怀乐趣地学习的强大动力。它是你心灵深处架起的一座天桥，如图5-2-4所示。

你的任务是将这座天桥修炼得更稳固，使用得更持久。只要你增强成才动机、提高兴趣广度、培养兴趣中心、激发成才愿望、保持兴趣持久，你就一定会获得成才过程的良性循环。

图 5-2-4

一旦你的心灵深处有了这座天桥,你就会带着浓厚的兴趣去主动学习、发现问题、提出问题、解决问题。你的学习兴趣也必将成为你精神上的一种需要和满足,并自发地由志趣向情趣转化,向乐趣升华。

第三节　点燃心灵火苗

小故事

一则日记

一位新教师在任教的第一天,写下了这样一篇令人难忘的日记:

我忐忑不安地走进教室,带着尴尬的微笑向学生们简短地问好。但那么一大班学生谁也不作声。我一下慌了,手忙脚乱地翻了一会儿我那些卡片,然后结结巴巴地讲起课来,似乎没有一个人在听。

在这个慌乱的时刻,我注意到有个身形端正的姑娘,全神贯注地在听讲。她的皮肤显得十分红润,黑色的眼睛分外明亮、机敏,她生气勃勃的样子和温暖的微笑足以促使我接着往下

图 5 - 3 - 1

讲。我讲到什么时,她总是点点头或者说:"哦,对!"然后记下来。

她给了我一种温暖的感觉,使我觉得她认为我结结巴巴地努力讲的那些东西是重要的。我开始径直对她讲课,信心和热情又回了过来。我大着胆子往四周一看,别的学生也都开始听讲了,还做着笔记。

这位令人吃惊的姑娘帮助我渡过了难关。我想告诉她,她是怎样挽救了我的第一天。

点金石

提升情感

你能否从上述的日记中感悟到"人非草木，孰能无情"的道理？你是否还有这样的生活体验：在今天的考试中，你得到一个满分，就会感到愉快、高兴；在学校举办的创造力大赛的颁奖会上，你走上领奖台，捧着那红红的获奖证书时感到稳操胜券的满足、自豪；或者在答卷的时候，把题目中的数据看错了，以致没有得到理想的成绩而懊悔、烦恼；或者是由于家庭不和，父母经常争吵不休而让你苦闷、忧伤等。所有这些生活实践的经历告诉我们：人们对生活、对活动、对他人的一种较复杂而又稳定的生理评价和体验，这就是情感。这是由你周围的客观事物能否满足你的实际需要而产生的，具体表现为爱情、幸福、仇恨、厌恶、美感，等等。

1. 情感的意义

人在社会生活和学习活动中，对人和事物总有一定的态度。或满意，或不满意；或喜欢，或不喜欢。情感是人们对客观事物满足自身需要的态度体验，它是你心理的重要组成部分，也是你心灵深处的一颗火苗，随时可以点燃。

（1）情感体验：你和其他人一样，有着丰富的情感，有自己的喜怒哀乐。需要得到老师和家长的赞誉，需要得到学校集体的温暖，需要掌握科学文化知识，需要参加丰富多彩的科技实践活动，需要得到他人的理解和帮助。也就是说，你周围发生的一切，都会引起你这样或那样的情感。也可以这样说，情感充满了你的全部生活，对你的思想品德、道德情操、智能发展、成长体验等都有影响。

（2）情感追求：列宁（图 5 - 3 - 2）曾经说过："没有人的感情，就从来没有也不可能有人对真理的追求。"无论是变革人类社会的实践，还是改造自然的实践，都需要情感的推动。无数革命先烈历尽艰辛、英勇奋斗、前赴后继、视死如归，正是因为他们有着对真理的追求。正是这些高尚情感的激励，让他们在改造社会的伟大实践中，作出了惊天地、泣鬼神的丰功伟绩，使祖国发生了翻天覆地的变化。同样，在当今的两个百年目标的进程中，为繁荣科学而献身的精神，对科技创新的巨大热情，对知识和真理的无比热爱等这些积极情感正是你探索大自然无穷奥秘、攀登科学高峰、励志成才的巨

图 5 - 3 - 2

大动力。

2. 情感的作用

教育家赞可夫认为：儿童的情感生活是与其独立、探索性的思维有机地联系在一起的。如果伴随你学习和思考而来的是兴奋、激动,是对发现真理的诧异、惊讶和产生愉快的体验,那么这种情感就会强化你的学习活动,促进你对技能的掌握程度和智力的发展。而苏霍姆林斯基则认为：“情感如同肥沃的土壤,知识的种子就播种在这片土壤里。种子会萌芽,儿童边认识,边干得越多,对劳动快乐的激动情感体验得越深,他就想知道更多,他的求知渴望、钻研精神、学习劲头就越强。”由此也不难看出,积极的情感对一个人的学习成才起着何等重要的作用。

(1) 推动作用：有人曾对上海市一千名中学生非智力因素作过调查与统计,结果表明有 46.5％的学生因害怕考试而害怕学习。这个数据从反面告诉我们,情感对学习是多么的重要。事实上,在你学习的时候,无论是掌握知识、发展智能,还是学会某种技能,都要受到情感因素的影响。学生在不同的情感支配下,学习的进程和结果会出现完全不同甚至相反的情况。如果你在轻松、愉快、心情舒畅、朝气蓬勃和充满信心的情感下学习,你就会集中注意、记忆牢固、思维敏捷、想象丰富,学习效果就一定显著。如果你在学习的时候,内心紧张、忧虑、沮丧、自卑或有对立的情绪,你的智力活动就会出现情绪障碍,从而降低学习效率。由此可知,情感是学生心理活动的重要组成部分,它与学习生活有着密不可分的关系。积极稳定的情感对学习起着重要作用。

(2) 调节作用：一个人能达到情感的自我调节和控制,反映了他的情感已经成熟。中学生的情感,随着自我意识的发展,尤其是到了高中阶段,已经趋于成熟。因此,在学习的过程中,情感对感知、记忆、思维、想象等智力活动还具有调节和控制的作用。例如你可以用适当的方式表达自己的真实情感,通过自己的一颦一笑、举手投足、声音语调、节奏快慢来协调人际关系,适应环境,影响他人。在情绪过于紧张时,能使其缓和;情绪消极时能有效地转化为理智。在用脑过度造成的情绪压抑时,可以通过参加文体活动使情绪松弛。情绪不佳时,可以通过创设诱发愉快情绪的情景,如听听音乐,到环境优美的地方散散步,或向知心人倾吐心声,排遣郁闷;在考试失利郁郁寡欢时,能主动分析自己失利的原因,进行调节和发展积极健康的情感。由此可知,情感对学习、工作、生活具有调节作用。

(3) 强化作用：积极的理智的情感还对你的学习具有强化的作用。它具体表现在对你所喜欢的学习内容,对你比较感兴趣的知识,具有明显的倾向性。能使你在刚接触这些知识时,通过自己情感的强化,保持高度集中的注意力;在你对这些内容进行识记时,就会感到特别清楚,不易忘记。对你曾经产生过强烈情感体验的事物的印象往往极为深刻牢固。情绪高涨时,你的思维往往变得相当敏捷,一点就通,一拨就明,分析问题的思路十分畅通,解决问题的速度非常之快,你就会展开丰富的想象,奇思妙想如泉涌一般。

3. 情感的培养

除了某些原始情绪是遗传外,人的大多数情感都是在后天环境和教育下发展起来的。《学记》中说:"一年视离经辨志,三年视敬业乐群,五年视博习亲师,七年视论学取友,谓之小成。"如图5-3-3所示。这里所说的辨志、乐群、亲师、取友等都属于情感。那么你究竟以怎样的态度来培养自己积极的情感呢?

图5-3-3

(1)从认识上提高:一般来说,正确的认识会产生正确的态度和积极的情感。反之,错误的认识会产生错误的认识和消极的情感。俗话说"知之深,爱之切",说的就是这个道理。因此,为了培养你积极的情感,就必须了解有关知识,懂得有关道理。知识越丰富,道理越深刻,你的情感就越深厚、越高尚,否则就会给你带来无穷的烦恼和懊丧。例如,在现实生活中,有许多中学生经常会聚在一起谈前途、谈理想、谈人生,这当然是好的。但是,也有不少中学生,总是在"自我"这个狭小的范围内转圈子。当然,这并非说个人前途不值得关心,问题在于人的胸襟要更加宽广一些。如果抛开国家的前途而专讲个人的命运,抛开社会的需要而专讲自己的理想,把个人的一切放到最高的位置上,那就会失去强有力的精神支柱,就会对个人的得失烦恼感之过深而难于解脱。反之,若你能通过对自己的人生观教育,懂得一个人的价值应当看他贡献什么,而不应当看他取得什么,那么你才能从认识上提高情感。

(2)从适应中增强:情感的产生,通常是由一定的客观原因所引起的。正像巴尔扎克所说的那样:世界上的事情永远不是绝对的,结果完全因人而异。苦难对于天才是一块垫脚石,对于能干的人是一笔财富,对于弱者却是一个万丈深渊。为什么同样是苦难,三种人却产生全然不同的结果呢?个中缘由尽管很多,有无生活的适应能力是个不可忽视的重要因素。对待苦难,适应能力强的人,以乐观的态度泰然处之、理智对待,因而能使自己有坚定的信心和充沛的精力战而胜之。反之,适应能力差的人,不是哀叹自己命苦,就是心灰意冷、一蹶不振、度日如年。从这一意义上讲,你要培养自己积极的情感,最理智的做法就是增强自己对生活的适应能力,提高接受生活现实的能力,增强正确估价自己的能力,增强客观评价他人的能力。

(3)从归因里探索:学生最主要的活动是学习,其消极情感也主要是因为在学习中遭到失败、引起挫折。而长期遭受学习挫折的学生往往把失败的原因归结为运气不好,比如未能猜中题目,或对老师的评分不满,或埋怨家庭缺乏学习条件等外在因素。因此这些学生面临失败情景时,会感到无能为力或束手无策,只能产生一系列消极情绪,如悲观、颓废、埋怨、自卑等,而不能尽最大努力去克服困难和改变失败。与其相反,还有些学生是倾向于内部控制的人,把学习受挫而失败的原因归结为自己的知识欠缺,基础不够扎实,自己不够努力等,他们就有可能振作精神,重新努力,从失败中吸取教训,不断总结,逐渐提高。因此,对同样一个学习结果,归因的适当与否、正确与否将直接导致学生的情感状态以致引起新的结果。与此同时,还需要从辩证的角度,对自己学习的结果从外部和内部两个方面同时进行分析、查找,作出正确的归因,就会增加积极的情感体验,就会不因成绩优异而沾沾自喜,不因成绩欠佳而闷闷不乐,就会胜不骄、败不馁,以健康的情感点燃你追求真理的火苗,使自己的学习永远立于不败之地。

信息窗

情 感 成 分

从情感的发生、发展和形成的过程来看,它包含着一个由强到弱、由低级到高级、由简单到复杂的过程,即从情绪到情感到情操的过程。

(1) 情绪:它是一种比较低级、简单的情感活动。它与人的需要相联系,表现明显,为时短暂。它主要包括激情、应激、心境这三种形式。①激情:它是一种暴风雨般、强烈而短暂的情绪状态。遇到高兴事会欢呼雀跃、乐不可支,遇到伤心事会暴跳如雷、呼天号地。②应激:它是出乎意料的紧急情操所引起的急速而高度紧张的情绪状态。它有两种表现:一是为突如其来的刺激所笼罩,目瞪口呆,陷入一片混乱之中;二是在突如其来的事件面前,急中生智,能做出许多平时根本做不到的事来。③心境:它是一种使人的整个精神活动都染上某种色彩的微弱而持久的情绪状态。所谓"人逢喜事精神爽"就是心境的最好写照。

(2) 情感:它是一种比较高级、复杂的情感活动。它与人的社会需要相联系,持续时间较长,外部表现不太明显。主要包括热情和迷恋两种形式。①热情:如有的学生对班级活动总是抱着满腔的热情。②迷恋:如有的学生对物理实验已经到了迷恋的程度。

(3) 情操:它是一种更高级、复杂的情感活动。与情感相比,情操具有更大的社会意义,它有三种形式。①理智感:总是与人的求知欲望、对解决问题的需要相联系,体现人对自己智力活动的过程与结果的态度。②道德感:总是和人依一定的道德准则对自己以及他人的言行举止、道德评价相联系。③美感:它是根据自己的审美标准对客观事物、人的行为以及艺术作品给予评价时所产生的情感体验。

感悟台

小 试 牛 刀

通过本节的学习,你对学习情感是如何认识的? 请撰写一篇"我的学习情感"千字文,让你的父母给其作出"合格、优秀、点赞"的评价。

解密室

心 灵 火 苗

综上所述,情感是你心理活动的基本过程之一,它是你对客观现实的态度体验,在你的心理活动及其结构中占据着十分重要的地位,体现着你人格的动力特征。它是你心灵深处的一颗火苗,需要你精心点燃,如图5-3-4所示。

情感对你的学习成长起着推动、调节、强化的作用。作为一个中学生,你应该结合自身特点,自觉地培养自己的情感。从认识上提高,在适应中增强,从归因里探索,在优化上努力,从实践中培养,在情景里陶冶。力求做到以理育情、以智育情、以导育情、以性育情、以行育情、以景育情。努力克服自己的消极情感,从理智上、遗忘上、转移上进行各

图 5-3-4

种方式的调控,使自己的消极情感转变为积极情感,为你的成才增添内部动力,使你的情绪向着情感转化,向着情操升华。

但愿你心灵的火花点燃得越来越亮,你的成才之路走得越来越宽广。

第四节　浇铸心灵熔炉

小故事

三 落 三 起

邓小平,中国改革开放的总设计师,他政治生涯中的坎坷历程和艰难曲折,集中体现在他那富有传奇色彩的"三落三起"中。1933 年,邓小平等人因为拥护毛泽东的正确主张,反对"城市中心论"和反对军事冒险主义,而受到临时中央的错误批判,直到红军长征时被调到总政治部担任秘书长,负责《红星》报的编撰工作,此为"一落一起"。1966 年,"文革"一开始,邓小平就被撤销一切职务,1969 年被送到江西省新建县拖拉机修造厂劳动,直到 1973 年后复出。他当机立断,凭着对灾难深重的前途命运担负的责任感,义无反顾地开始了对"文化大革命"的全面整顿,此为"二落二起"。1976 年 4 月 5 日,天安门广场发生悼念周恩来总理、反对"四人帮"、拥护邓小平的群众运动。"四人帮"乘机诬陷,邓小平再一次被撤销党内外一切职务,保留党籍,以观后效,直到 1977 年才恢复名誉和在党政军的一切领导职务,此为"三落三起"。

对于这些坎坷经历,邓小平毫不隐瞒,他对外国友人说:"我是'三落三起'。""人们都知道我曾经'三下三上'。"1979 年 1 月,邓小平在访美时戏称"如果对政治上东山再起的人设置奥林匹克奖的话,我很有资格获得该奖的奖牌"。西方一家杂志也因此而称他为"打不倒的东方小个子"。

邓小平的"三落三起"构成了他一生中最为独特、最具魅力、最为感人的篇章。我们完全可以说,"三落"的厄运锤炼了邓小平锲而不舍的意志,也使他真正体会到了"宠辱不惊,看庭前花开花落;去留无意,望天上云卷云舒"的真正价值。

点金石

锤 炼 意 志

邓小平在"三落三起"中所锤炼而成的锲而不舍的意志,已经成为世界领袖史上的一段传奇和佳话。爱迪生曾说:"伟大人物最明显的标志,就是他坚强的意志,不管环境变化到何种地步,他的初衷与希望仍不会有丝毫的改变,而终于克服困难,达到预期的目的。"无论是探索自然界的奥秘、军人赫赫战功的荣立、革命者高尚气节的保持、运动员在体育竞技中的夺魁,还是改革者在逆境中的披荆斩棘、科技创新人才在科技创新大赛中的披金摘银,无不凝聚着人类最尊贵的心理品质,那就是意志。

1. 意志的意义

人对客观世界的认识和改造是通过一系列的行动去实现的,而意志则是自觉地确定行动的目的,在行动中克服各种困难,最后实现自己目标的心理过程。

(1)创造需要意志:人类的一切创造活动,包括你的学习和成才,都需要有决心、有行动、有毅力,它们都来自于意志。正是这些顽强的意志,推动着人类进行认识世界和改造世界的伟大斗争,并不断取得丰硕成果,使人类在各种实践活动中丰富和发展自己的智力,使自己变得越来越聪明,越来越顽强。

(2)意志助你成功:古往今来,无论是知名人士,还是一代伟人,尽管他们生活的时代不同,所处的社会地位不同,成功的外部条件和内在因素不同,但都有一个共同特征,那就是顽强的意志。在通向成功的异常艰难曲折的道路上,他们经历了无数的挫折、反复和失败,克服了难以想象的困难,付出了艰辛的汗水、宝贵的青春乃至生命的代价。

例如,瑞典化学家诺贝尔为了寻找理想的炸药引爆物,夜以继日地埋头试验。一天,不幸的事情发生了,实验室爆炸,他的五名助手和弟弟全部身亡,他也被炸伤。灾难没有动摇诺贝尔的决心,他经受了上百次失败的打击,经历了数不清的不眠之夜和死里逃生,终于获得成功。他奋斗一生,获得三百多项发明专利,成为当时世界上的大富豪。身后又立下遗嘱,用自己一生辛劳所得设立诺贝尔

图 5-4-1

奖,奖励后人,推动着人类科学的不断发展,如图 5-4-1 所示。

从诺贝尔的成功案例中,你也不难看出,意志品质对一个人的成才有着何等重大的现实意义,它是埋藏在心灵深处的一座锤炼坚强意志的熔炉。

2. 意志的作用

心理学研究表明:人与人之间在遗传上的差异是不大的,只要有健全的大脑,就具有发展智力的潜能。但是潜在的智能能否得到充分的发展,与许多因素有关,其中与意志有着更为密切的关系。意志对人智力的发展起关键的作用。

(1)推动作用:常常看到有些孩子在小学时,智力发展的状况与其他孩子差不多,但是进了初中后,由于任性、懒惰、惧怕困难、缺乏坚持性等意志方面的因素,因而在学习中不愿意认真细致地观察周围的事物,使头脑中各种感性材料十分匮乏,认识能力和观察能力得不到应有的发展。既不能排除外界的干扰和诱惑,又不能克服懒惰、疲劳等内部困难,也就很难集中注意力于学习活动,注意力的稳定性势必就差,也就不愿意下工夫去记应该记住的知识,更不愿意有意识地去锻炼自己的记忆力。这样就必然会导致思维的各种品质的发展受到极大的限制,从而造成学习成绩的不佳或不断下降,整个智力的发展与同龄的孩子相比就越发表现出明显的差距。我们再看一下学习成绩优异的学生的意志特点:学习目的明确,学习毅力坚韧,善于克服困难,不达目的誓不罢休。这种学生在上学的路上也不浪费时间,边走路边默背英语单词或数理化公式,在嘈杂的环境中能闹中取静,锻炼自己的意志,这就是意志对学习具有较强的推动作用。

(2)调节作用:其调节作用主要表现为两个方面。一是对学习行为的调节,保证行为目的的方向性。为了实现自己在期末考试中各科都能达到优秀的目标,就会自觉地调节近期的学习安排,晚上做完作业后,对本学期的薄弱科目的内容再进行系统的复习,确保复习的针对性,提高了学习的效率。二是对心理状态的调节。由于处于期末复习状态,内容多、任务重、时间紧,首先得克服内心的慌乱,稳定自己的情绪,树立必胜的信心,这样就会使自己的复习活动达到最佳的水平,保证期末考试目标的顺利达成。

(3)强化作用:人们要重视任何有意义的工作,都必须具有不畏艰险、百折不挠的精神,这就是意志的力量。它在一定程度上,还具有强化的作用。人有非凡的生存潜力,能接受生命的各种挑战,即使在重大的打击之下,还可能出现非凡的意志力量。法国拿破仑手下有一名勇士,催马飞奔,将一封重要的信件交给主帅拿破仑。拿破仑看到那个战士在马背上左右摇晃,便问:"你是不是受伤了?"勇士回答:"我被打死了!"话音刚落,这位勇士就坠马而死。

3. 意志的锻炼

著名教育家马卡连柯认为:意志、勇敢和目的性的问题是具有头等意义的问题。这是因为我们一切胜利都是我们强大的意志,我们奋不顾身的英勇精神,我们自觉的和不屈不挠的追求目的的结果。所以,意志培养的问题应该成为我们日常生活中最重要的问题。作为中学生,你可以从以下几个方面来锤炼意志。

(1)树立远大理想:中国科技大学少年班学生张凯说过这样一段话:"我自幼就立

志学习鲁迅……夏天的晚上,奶奶怕我热坏了身子,劝我跟小朋友们到村外的大柳树下去玩,我就拿鲁迅幼年学习的故事讲给她听。奶奶没法,只好依着我。我怕同学们再来干扰我的学习,就把书上看到的几句箴言用毛笔写出来贴在桌前的墙壁上,既是对那些贪玩的同学的劝告,也是对自己的勉励。"三更灯火五更鸡,正是男儿读书时,黑发不知勤学早,白首方悔读书迟。一个人若在少年时就立了宏愿,他就有了明确的奋斗目标,就会产生坚强的意志。意志坚强了,不管遇到什么样的打击或身居多么恶劣的环境都不会动摇。

(2)努力克服困难:生活一再昭示人们:人皆可以有意志,人皆可以练意志。意志和困难是孪生兄弟,相伴而生。克服困难的过程,即培养自己意志的过程。意志不够坚强的人,往往能克服小困难而不能克服大困难,但是克服小困难之小胜利就能逐步培养起自己克服大困难的大意志。从这一意义上而言,你应当从那些自己最容易忽略,也最容易暴露自己意志薄弱的事情做起。坚持每天按时起床,每天记日记,每天早晨锻炼身体,每天晚上在完成作业以后系统复习当天的或一周内的课程,在睡觉前像放电影一样在脑海中浮现一遍等。天长日久,就一定会锻炼起你坚强的意志。

(3)树立意志榜样:俗话说:榜样的力量是无穷的。榜样具有生动性和形象性,能引起自己情感上的共鸣,使人产生亲切感,在不知不觉中模仿和效法。因此,为自己树立意志坚强的榜样和典型,是行之有效的一种锻炼意志的方法。以发明大王爱迪生为例。他一生发明两千多项,专利一千多项,至今无人超越。别看电灯结构虽然简单,可爱迪生发明它却经历了千辛万苦,单说对灯丝的设计,他就查阅了数不清的图书资料,光用掉的读书笔记本就有二百多本,四万多页呢。为研制灯丝,当接连不断的失败使爱迪生的助手几乎完全失去发明电灯泡的热情时,爱迪生却靠着坚强的意志,排除了来自各方面的精神压力,经过无数次的实验,使电灯终于为人类带来了光明。因此,在你的学习或生活中遇到困难和挫折时,想一想爱迪生的故事,对你意志的磨炼是有一定帮助的。

信息窗

意 志 品 质

人的意志品质,具体地表现在意志活动中。不同的人,其意志品质的差异十分明显,有的人做事自始至终,有的则虎头蛇尾;有的人处事果断,有的则犹豫不决。凡此种种,都是不同意志的表现。人的意志品质主要有以下四方面。

1. 自觉性

一个自觉的人,在行动之前总能思考自己对行动目的的正确认识,反复权衡行动的意义和效果,深信自己所确定的方案是正确的,目标的实现是完全有可能的,这样就不会盲从。对于有益的意见会虚心听取,力求行动目标合理,就能充分调动自己的积极性与创造性,不达目的誓不罢休。这就是意志的自觉性品质。

2. 果断性

一个果断的人,在情况紧急而又必须作出决定、采取行动时,就会当机立断,作出合理的决策,并立即付诸行动。即使需要冒险,也不会猜疑畏缩。如果情况不要求你迅速采取行动的话,也会细心分析情况,周密考虑行动计划,作出有充分根据的决定,坚定地去抓住时机,争取成功。这就是意志的果断性品质。

3. 坚韧性

一个坚韧的人,在他的行动中能持久地、不屈不挠地把已经开始的行动坚持到底。在执行决定时,坚忍不拔、勇往直前,不达目的、誓不罢休。在遭受挫折和失败时并不灰心丧气,会自觉总结经验教训、再接再厉,探索新的行动方案,确保行动成功。这就是意志的坚忍性品质。

4. 自制力

有自制力的人往往能克服自己的欲望,掌握自己的心境,约束自己的言行,在任何情况下尽力不做出自己认为不应当做的事。在困境中能够保持冷静,在冒险下也不失去沉着,能使自己坚决执行决定,善于在实际行动中抑制冲动行为,具有良好的组织性和纪律性。这就是意志的自制力品质。

感悟台

小试牛刀

通过本节的学习,你对学习意志是如何认识的？请撰写一篇"我的学习意志"千字文,让你的父母给其作出"合格、优秀、点赞"的评价。

解密室

心灵熔炉

综上所述,意志是为了实现一定目标,并根据这一目标来支配调节自己行动的心理过程,它是你在日常生活和多种活动中形成的,它是你心灵中的一座自强不息的熔炉。

健康的意志品质对你的学习活动具有巨大的推动、调节和强化的作用。它能充分调动你的智力,激发你的动力,使你思维敏捷、想象丰富、记忆力强、举止文明、热情奔放、坚忍不拔,使你的学习活动能达到最佳的水平。但是,你坚强的意志是在与困难的斗争中磨炼出来的。只要你能保持心灵中的那座永不熄灭的熔炉,锤炼和培养自己的意志品质,你就一定会勇敢地创出成才之路,充满自信。

第五节　开启心灵钥匙

小故事

朱总司令

朱德总司令(图5-5-1)参加革命70年,经历了旧民主主义革命、新民主主义革命、社会主义革命、社会主义建设几个历史时期,历经许多磨难和险境,为中国人民解放事业和社会主义建设事业建立了不朽功勋,深受人民爱戴和崇敬。毛泽东主席称赞他是"人民的光荣"。毛泽东曾为他亲自草书一幅"肚量大如海,意志坚如钢"的对联,这是对他光辉、波澜壮阔的一生性格特征的最高评价。

人们对这位十大元帅之首的评价是:"戎马一生,功绩卓著;忠职勤政,鞠躬尽瘁;胸怀天下,气度恢宏;谦虚谨慎,纯

图5-5-1

朴忠厚"。据当年在八路军总部工作的人讲：朱总司令温和，没有脾气，无论身边工作人员出什么错，他都不会拉下脸训人的，更不会骂娘。尽管这样，他们都很服他，说朱总司令是"响鼓不用重锤"，也有震天威力。他的性格特征为其驰骋疆场、戎马一生赢得了广泛的尊重，充分表现出了他卓越的人生智慧。他长寿得穿越耄耋之年，活到了九十岁，这就是性格之福。

点金石

陶冶性格

朱总司令的性格特征使他赢得了不同人群的广泛尊重，这是十分难能可贵的。其实，在人际交往中，你会经常发现，有的人在学习和工作的时候，总是勤勤恳恳、一丝不苟、任劳任怨；在待人处事中，一贯诚实正直、热情有礼、乐于助人；对待自己，也是谦虚谨慎、严于律己、自信自重。而有些人在学习和工作中却马马虎虎、心神不宁、见异思迁；在待人处事中，会虚伪狡猾、冷酷无情、傲慢失志；对自己又往往显得狂妄自大、目空一切、不可一世。所有这些，都是一个人对现实稳定的态度和已经习惯了的行为方式在不同场合下的反映，而这些被反映出来的心理特征的总和就构成了这个人的性格。性格是一个人精神面貌的主要特征，是一个人个性心理特征中最核心的部分。

1. 性格的意义

性格能反映一个人的生活，也能影响一个人的生活，它是开启人心灵的钥匙。

（1）实现预定目标：如果你具有良好的性格特征，如认真、勤奋、谦逊、热情、坚定、自信、活泼、勇敢、沉着、机智、豪放、诚实、幽默、和善等，就往往能自觉地、主动地组织自己的生活、学习和工作，克服各种困难和干扰，实现自己的预定目标，从而使你的学习和工作取得理想的成绩，给你的生活带来幸福。因此，积极发展自己良好的性格特征，努力克服不良性格，对学习、工作都有重要意义。

（2）解决矛盾纷争：在学校或单位中，常常会出现由于性格不合或不良性格的影响，使人与人之间的关系十分紧张，甚至发生矛盾和冲突，给人造成精神上的负担和思想上的痛苦，还会给学习和工作带来阻碍。相反，具有诚实、正直、谦逊、友善的良好性格，就能使人与人之间相互关心、相互谅解、相互帮助、共同前进，体会到集体中的温暖、幸福和欢乐。

（3）性格影响发展：一个人的性格与这个人的发展有着极为重要的关系，古今中外的许多名人对此都有论述。例如，古希腊的亚里士多德（图5-5-2）主张通过培养学生的良好习惯来培养其良好的性格，塑造良好的环境来培养其良好的性格。他认为："儿童的环境对其性格的形成至关重要，不要使儿童听猥亵的语言，更不能让他们讲猥亵的语言，一旦轻率地口出恶言，离恶行也就不远了。"亚里士多德的这些话虽然是两千多年前说的，但时至今日仍然有其现实意义。

图5-5-2

2. 性格的形成

人的性格不是天赋的，也不是环境消极影响的结果，而是人们在生活实践中，在其周围的社会环境、具体的实践活动和自身努力这些因素的长期相互作用中形成和发展起来的。对于学生而言，影响性格形成的主要因素有家庭环境、学校教育、社会实践和自我培养等。

（1）家庭环境：如果你的父母相互尊重、以礼相待，为人处世通情达理，就会形成安定和睦、融洽温暖、民主讲理、愉快幸福的家庭氛围，有助于培养你良好的性格。如果你的父母相互争吵、言行粗鲁，对长辈并不尊敬甚至虐待，使你生活在紧张冲突的家庭气氛中，极易使你形成许多不良的性格。而且家庭教育的方式也会影响着你的性格，民主型的家庭教育能形成你活泼、谦虚、有礼貌、诚恳、自信等性格特征；而放纵和溺爱型的家庭教育往往使你形成懒惰、生活不能自理、胆怯、自私、任性、感情脆弱、意志软弱等性格特征。可以说，家庭环境对你性格形成有极大的影响，希望你引起高度重视。

（2）学校教育：如果你在一个具有民主气氛、富有正气、与人为善、能与不良倾向开展斗争的学校里学习，能使你在各种有益的集体活动中得到锻炼，并受到良好校风潜移默化的影响，就会有利于你形成情绪稳定、态度友好、积极主动的性格特征。如果你的老师对学生采取放任的态度，你就会容易形成无组织、无纪律、放任等不良品质。此外，你在学校或班级中的地位、老师的师德行为品质、学校和各种活动等都影响着你性格的形成。

（3）社会实践：我们知道，人是实践活动的主体，生活环境不可能机械地规定一个人的性格。环境对学生性格的影响是通过周围环境中的活动而实现的。而社会实践活动是中学生的重要活动。如果你经常做一些家务劳动，或干一些农活，或到工厂里进行一些生产实习，或搞一些小制作、小发明、小实验，或者参加一些课外兴趣小组的活动，就可以培养起你求知欲、责任心、自制力、细致、认真、精益求精等良好的学习态度和习惯，就能形成你爱护劳动设备和劳动成果、主动性和创造性等良好的性格特征。

（4）自我培养：其实，外部环境的影响是通过你本人的接受才能发生作用。所以，当你的性格发展到一定阶段，尤其到了中学阶段，自我培养对性格的形成起着更大的作用。因为任何一种性格的形成都是把所接受的外部条件逐渐转变为自己内部要求的过程。在这个转变过程中，如果外部的要求或条件符合你自己的需要和态度，就会被理解并转化为你自己的具体行动；如果外部的要求与你原有的需要和态度相矛盾，就难于理解，也就不能转化为你的具体行动了。可以这样说，一切外来的影响都要通过自我调节而起作用。因此每个人都在塑造着自己的性格。一旦自我调节被突出地显示出来,你的性格就已经从被控制变成了自我控制,就会产生自我培养的独特动机。在这种动机的支配下,你会主动地寻找榜样,确定理想,有意识地培养自己良好的性格,改造不良性格,实现对性格层次的提升。

3. 性格的陶冶

性格是在一个人素质的基础上,通过后天的教育、环境、实践活动以及主观努力等多方面的作用,逐渐发生、发展和形成起来的。性格既有稳定性,又有可塑性。稳定性说明性格有一定的模式,可塑性说明性格可以通过培养或陶冶而人为地加以改变。也就是说,你可以根据学校教育的优势,按照一定的性格模式,对照优秀性格的标准和要求来陶冶自己。

(1)正确把握自己:心理学家列维托夫把学生的品格分为四种类型。一是目的方向明确和意志坚强型;二是目的方向明确,但在坚定性、自制力等方面有某些缺陷的类型;三是没有目的方向,但意志坚强的类型;四是没有目的方向和意志薄弱的类型。通过了解性格的分类,我们可以对自己的性格作出正确的鉴定,从而可以正确地把握自己性格完善的目标和途径。但要注意:一是你性格尚处在发展中,具有可塑性;二是不能只凭一时的观察和判断确定自己的性格,因为性格是长期形成的心理特征;三是观察要客观,不能片面,要进一步验证;四是你在对自己做心理检测时要实事求是、诚实作答,才会得出比较准确的结论。

(2)发挥榜样作用:崇拜偶像是中学生的一个显著特点,正是这种对偶像的崇拜和模仿,使你走向成功与成熟。因此,你应该通过查找一些中外名人的资料,或通过家长、老师的协助,找准自己所崇拜的偶像,在模仿这些偶像的过程中使自己的性格逐步趋向完善。其实教师完美的性格对学生的影响也是相当大的,因为教师在学生心目中占有重要的位置。因此,你也应当仔细留意观察教师的性格特征,并把他们师德、品行、情感、意志、气质等优秀的一面作为自己的榜样,去模仿。时间一长,必能奏效。

(3)置身集体之中:班级集体是学生学习和生活的基本环境,一个正确而积极的班级舆论氛围对你完善自身性格是很有帮助的。坚强而富有生气的班集体能够产生一种巨大的精神力量,会孕育出健全的性格。从这一意义上讲,你必须把自己置身于班集体之中,当好其中的一员,配合班主任,把班级建设成人见人爱、朝气蓬勃、富有战斗力的整体。在这样的班集体的熏陶下,你的性格也必将日趋完善。正如教育家马卡连柯所说的那样:只有当一个人长时间地参加了有合理组织的、有纪律的、坚忍不拔的和有自豪感的那种集体生活的时候,性格才能被培养起来。

(4)积极投身实践:实践是形成性格的源泉,性格总是在实践活动中产生、发展、形成并表现出来,这是心理学的一个基本观点。因此,你应该有目的地参加各种形式的实践活动,以此来塑造良好的性格。科技实践活动是培养科技创新人才优秀性格特征的最好载体。树人学校的学生在科技实践活动中,以科学家的人格魅力和创新精神为榜样,在科技创新成果的展示、交流、评比、答辩中,表现出与科学家的某些相似的性格特征来,因此能有机会在这种活动中脱颖而出。

(5) 选择朋友交往:苏霍姆林斯基在《给教师的建议》(图5-5-3)中指出:少年有寻找朋友的渴望,这是正在成长的人的一种精神需要。他渴望找到思想、感情、要求和观点一致的朋友……正是在同朋友的相互交往中显示出一种表现为正直、诚实、大公无私、团结友爱的自觉意向。这就说明,选择朋友交往既是中学生的一种心理需要,也是陶冶他们性格的一种手段。事实上,通过与朋友的相互交往,你才能更清楚地认识自己性格的长短优劣。也只有在与他人的不断交往中,你才能发现性格上的缺陷,才能真正完善性格。如果你一个人深居简出、独往独来,不与人为伍,不想择友交往,那么你对自己性格的认识就像物体运动缺乏参照物那样,会越来越玄。

图 5-5-3

而择友交往,能使你以你的朋友为参照物,从你朋友的性格中找到你的不足,从而调整和改进自己的性格,使你对不良性格产生免疫力。

信息窗

性 格 层 次

性格有着非常复杂的结构,可以分成以下四个层次:

1. 世界观

世界观是人对自然、社会、人生的总体看法,它由认识、观念、信念和理想这四个因素组成。它支配着人的知、情、意、行等各种心理活动,是一个人行为举止的最高调节器。它是性格的第一个层次,即最高层次。

2. 现实态度

人对现实的态度分为对己、对人、对事三个方面。对己有谦逊、自负、自豪、大方等,对人有诚实、虚伪、善于交际、孤僻寡合等,对事有勤劳、懒惰、细心、粗心等。上述三方面态度是相互联系、彼此制约的。它是性格的第二个层次。

3. 心理特征

它主要包括理智、情感和意志等三个特征。凡是认识过程中的一切稳定特点都是理智特征。凡是情感方面的一切稳定特点都是情感特征。凡是意志过程方面的一切稳定特点都是意志特征。它是性格的第三个层次。

4. 活动方式

它主要包括执行方式和行为习惯两个方面。执行方式是一个人的活动特点及其表现形式,它在活动中不断得到强化、巩固并逐渐趋向稳定。而行为习惯是一个人行为方式的自动化,是不需要意志努力的行为方式。它是性格的最低层次。

感悟台

小试牛刀

通过本节的学习,你对人的性格特征是如何认识的?请撰写一篇"我的性格特征"千字文,让你的父母给其作出"合格、优秀、点赞"的评价。

解密室

心灵钥匙

性格是你对现实态度和行为方式中比较稳定的心理特征的总和,它是你心灵深处的一把钥匙。它包括世界观、对现实的态度、心理特征和活动方式等四个层次。它是你在生活实践中,在主体和客体的相互作用中形成和发展起来的,是你长期受社会环境的影响和自身努力培养的结果。

家庭环境、学校教育、社会实践和自我培养是形成性格的主要因素。你可以通过正确地把握自己、发挥榜样作用、把自己置身于集体之中、积极投身于社会实践、明智地选择朋友交往,多看、多读一些文学作品、名人传记和历史书籍等,有效陶冶性格,逐渐趋向于完善、成熟。

第六节 塑造心灵世界

小故事

孩 子 眼 睛

　　著名的情境教育家李吉林,如图 5 - 6 - 1 所示,出于"需要一种全新的儿童观来支撑我们的教育"的思考,耐人寻味地提出一种独特审视学生的方法,用孩子的眼睛看:

图 5 - 6 - 1

　　……我要在花和月中寻找,寻找童年的眼睛……于是那小河里的蝌蚪,草丛中明灭的萤火虫,便有了魅力! 一颗纯真的童心在胸中激荡,周围的一切,将变得这样的新奇、美好。

　　在儿童的眼睛里,山啊、水啊、星星月亮啊都是活的,会跑也会飞,会说也会唱。儿童的眼睛就是喜欢瞧着这陌生的世界。

　　其实,孩子眼睛里的世界是他内在世界的投射,那是一个"诗意栖居"的世界,充盈着纯真、情趣、智慧、和谐和生命的活力,绝不是一块贫乏的任人刻写的"白板"。唤醒和激活孩子的心灵世界会带来儿童的全面人格、自由个性、感性生命以及主体性、创造性的真正"解放"。

点金石

品 格 塑 造

　　上述的"全面人格、自由个性、感性生命以及主体性、创造性",其本质就是人的品格特征。通过看,我们可以寻找到那闪烁着圣洁光泽的"孩子的眼睛",并通过一双双明亮的眸子发现一个个神奇迷人的心灵世界:知识成了孩子的品位,方法成了孩子的智慧,思想成了孩子的天赋,观念成了孩子的特征,精神则成了孩子的追求。那就是人最为宝贵的品格。

联合国教科文组织认为,21世纪人类面临的首要问题是道德、伦理、价值观的挑战。全球教育咨询会议也提出,21世纪各国教育上的重点是塑造积极乐观、品格高尚的好公民。由此可知,学生品格的塑造问题已经成为国际教育的共识。所以我们将品格作为隐藏于学生心灵深处的潜能世界来看待,并让学生自己激活,目的是显而易见的。那就是:我国的人才发展必须与国际接轨。使每一个学生唤醒、激活自己的心灵世界,塑造自己的必备品格,尽快地使自己成为有世界眼光、中国灵魂、科技特质的有用之才。

现以物理教育为例,来激活隐藏于你心灵深处的潜能世界。一起来吧!

1. 让知识成为你的品位

中学物理的知识点数以千计,单中考的考点就有100个,如表5-6-1所示。在传统的物理教学中,学生只关注如何将这些考点记熟,会解题就行。这是从教学层面上提出的基本要求。但从知识教育的层面上看,就是李吉林的"用孩子的眼睛看":这数以千计的物理知识,这100个中考考点可以内化为你自己的品位。需知教育是灵魂宗旨,是着眼点和落脚点,教学是践行教育宗旨、实现教学目标的途径和渠道。这里的物理知识教育不只是物理知识的传授和解惑,还需要根据社会的发展需要、地方特色和学生的认知水平、基础差异、生理特点和心理发展,对相关知识进行适当选择;并按知识逻辑、实验探索、物理学史等线索,采取知识技能明线和思想方法暗线这两条思路,将知识内化为品位,升华为品格。

表5-6-1

教学内容	考点数
声音与光	20
热与内能	11
运动和力	18
机械功能	12
压强浮力	15
电路电功	16
电磁联系	8
合计	100

比如,考点"密度和比热容是物质本身的属性",其中与密度相关的知识有:质量、体积、属性、特性、定义、意义、公式、单位等。与密度相关的技能有:天平和量筒的使用、液体和固体密度的测量方法、误差分析等。还有探究物体的质量与体积的关系、特殊测量的实验设计、密度的定义方法和应用等。这些基本知识和基本技能都是围绕密度这个核心概念而展开的,可将它内化为知识结构。

这样的知识教育,就能在你的思维中既形成密度的知识线(思维导图)和方法线(用控制变量的方法来探究质量与体积的关系→用比值的方法来定义密度→用公式的方法来描述密度→用图像的方法来揭示密度是物质本身的属性),又将知识教育渗透到物理思想(比值定义法源自于比较的思想)、物理观念(物质观:密度是物质的属性、质量和体积是物体的属性)和物理精神(实验探究张扬的是科学精神)。这就是物理知识教育对品格养成的陶冶。是不是很容易就接受了?

2. 让方法成为你的智慧

虽然初中物理课程标准将"过程与方法"作为课程的三维目标之一,但在实施时,通常只落实在教学的层面上,还缺少教育层面的思考,更谈不上品格教育的渗透。

其实在初中物理教学中,涉及的科学方法很多。我们可以将初中学生在用物理知识解决实际问题时常采用的 36 套方法,归纳为物理方法、逻辑方法和数学方法三类,如表 5-6-2 所示。

表 5-6-2

序号	物理方法	逻辑方法	数学方法
1	观察法	综合法	方程法
2	实验法	分析法	几何法
3	控制法	假设法	比例法
4	模型法	比较法	图像法
5	构造法	归纳法	极限法
6	整体法	类比法	公式法
7	隔离法	对称法	割补法
8	图解法	极值法	估算法
9	识别法	虚拟法	差值法
10	平衡法	可逆法	赋值法
11	参照法	等效法	近似法
12	辨析法	转换法	不等式法

只要你仔细推敲,每一个物理知识的背后,都有一个推手在起作用,这个推手就是科学方法。换言之,每一个知识都是从方法中生长出来的,好像树叶从树枝上生长起来一样。但知识是显性的,而方法却是隐性的。平时人们关注的只是知识,而不是方法。就像从远处看,只能看到树叶,却看不到树枝一样。只有走近时,你才会惊奇地发现树枝的形态是如此的精彩,这是树叶所无法相比的。

尤其当今社会是知识经济爆炸的时代,科学知识在短时期内以极高的速度增长。人们不可能关注到所有的知识,但可以感悟出其中的科学方法。从这一意义而言,方法比知识更为重要,因为科学方法还能生长出新的知识。

例如,在课前自学"比热容"概念时,你能否以寒冷的冬天手冻得不能写字为背景,向自己提出问题:要快速取暖,会采取哪些方法? 有双手互相摩擦的、用嘴对着手呵气的、用热水袋取暖的……倘若这里有一大一小的两个热水袋,你选大的还是小的? 为什么? 如果用规格相同的热水袋,里面分别装满开水和温水,你会选哪个热水袋取暖?

为什么？如果将其中一个热水袋中的水，换成温度、质量与另一个热水袋中的水都相同的其他物质，比如煤油、酒精或者沙子，取暖效果是否一样呢？为什么？从上述的生活情境的联想体验中，你能得出什么规律？

为了弄清楚这个问题，你将通过实验探究来体验一下水和沙子放热(吸热)的本领究竟哪一个大，由此进入你的新课预习，并按图5-6-2所示流程进行自学。

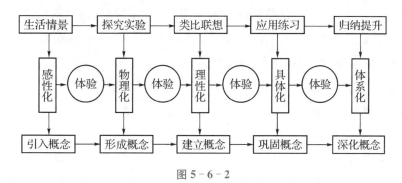

图5-6-2

在自学小结时，你可以将上述思路的关键词串联起来，并对照已经学过的相似概念"密度"进行迁移、对比，形成知识明线和方法暗线。

（1）知识明线：比热容的概念由定义→公式→单位→意义→应用。

（2）方法暗线：比热容的概念由体验→引入→形成→建立→巩固→深化。采取的方法由控制变量→转化→类比→迁移→对比。将方法暗线有意识地凸显出来。

在你整个自学的过程中，始终把握用方法暗线控制引导知识明线。知识明线使你掌握基本知识，方法暗线让你形成基本能力。在方法渗透中，你要感悟到方法重于知识的道理，内化为你的品格修养，升华为你的智慧。

3. 让思想成为你的天赋

首都师范大学物理系邢红军教授认为："物理学家非常规的思考、艰辛的探索过程和激动人心的高峰体验，是构成物理思想非凡境界的源泉。"所以，物理思想的教育过程就是还原物理学家发现规律的过程。如：阿基米德是怎样发现浮力与排开液体重力之间的关系的(阿基米德原理)？牛顿是怎样得出万有引力与物体之间距离的平方成反比的(万有引力定律)？卢瑟福是怎样悟出原子的内部结构的(原子核式结构模型)？安培是怎么想到用右手的大拇指和伸直四指来判断磁场方向与电流方向之间的关系的(右手螺旋定则)？

这些原理、定律、模型、定则的发现过程一般都蕴含着最基本的物理思想，是物理教育中最有价值的精华。如果你在物理学习中，经常关注其中的思想升华，你的天赋就会得到挖掘。

阿基米德原理的发现源自于他巧辩皇冠那激动人心的高峰体验：他在澡堂洗澡的

时候,脑子里还想着称量皇冠的难题。突然,他注意到,当他的身体在浴盆里沉下去的时候,就有一部分水从浴盆边溢出来。同时,他觉得入水越深,则他的体量越轻。于是,他立刻跳出浴盆,忘了穿衣服就跑出去了。一边跑还一边叫:"我想出来了,我想出来了,解决皇冠的办法找到啦!"于是他将与皇冠一样重的金子、一样重的银子和皇冠分别放在水盆里,看到金块排出的水量比银块排出的水量少,而皇冠排出的水量比金块排出的水量多。说明皇冠有假,掺了银子。在阿基米德的这个发现中,最有价值的内容就是比较的思想。他是通过浸没在水中的相同质量的金子、银子和皇冠,比较它们排水量的多少,进而确定皇冠是否掺假。正是这种比较的思想,才有了密度的定义方法(比值法)和计算浮力大小的方法(排水法)。

所以说,物理方法源自于物理思想,物理方法是从物理思想中生长出来的,犹如树枝是从树干上生长出来的一样。

你只有形成了物理思想,才算是掌握了物理的真谛,方能真正理解物理思想教育的重要。可惜,当前物理教育的实际是物理思想教育一直被忽视。就是在物理教师的心目中,也往往是将物理思想教育和物理方法教育混为一谈,有的干脆将二者合在一起,称之为物理思想方法。这就在相当程度上抹杀了物理思想独特的教育价值,值得我们深思。我们也有必要从物理思想的本质出发,归纳出初中物理思想的主要组成部分及其隐含在教材中的相关内容,确定其定位,揭示其内涵。有位学生将其梳理为十种思想,如表5-6-3所示。从你的天赋出发,以为如何?

表 5-6-3

物理思想	教育内容示例
转化思想	将温度的升高转化为吸收的热量等
模型思想	真空、光滑、光线、杠杆、轻质等
比较思想	密度的定义、蒸发与沸腾的比较等
等效思想	合力、总电阻、重心、曹冲称象等
可逆思想	电动机发电机、充放电、熔化凝固等
假设思想	原子结构、分子模型、科学探究等
类比思想	水类比电、太阳系类比原子结构等
对称思想	平面镜成像、单摆、伽利略变换等
守恒思想	能量转化与守恒定律、电荷守恒等
辩证思想	运动静止、实像虚像、量变质变等

4. 让观念成为你的特征

物理观念是从物理学的视角出发而形成的关于物质、运动、力和能量的基本认识,它包括物质观、运动观和能量观等基本观念。物理观念既是物理概念的形成基础，又是物理思想的浓缩升华。但不是所有的物理思想都可以浓缩为物理观念的，只有代表物理学最本质规律的认识，才能被称为物理观念。犹如树根，既是树干的延续，又是树苗能够长成参天大树的基础一样。所以物理观念教育的层次要高于物理思想教育。

初中物理课程标准将"情感、态度、价值观"列为三维目标中的最高目标，是有科学道理。物理观念教育是价值观目标的体现之一，也是学生发展核心素养必备品格修养到第四层次的表征之一，切莫失之交臂。

可惜的是，当前初中物理的教学现状基本上是重视知识与技能目标，忽视过程与方法目标，轻视情感、态度与价值观目标。这种物理观念上的教育缺失，千万不能再在学生发展核心素养之品格教育上重演而贻笑大方。

初中物理观念教育对学生品格感染内容如表 5-6-4 所示。你对表中的三种物理观念理解了多少？

表 5-6-4

物理观念	教育内容示例
物质观	物体由物质组成，物质由分子组成，分子由原子组成，原子由原子核和电子组成，原子核由质子和中子组成。质量是物体的属性。
运动观	运动是物质的属性，绝对不动的物体是没有的，运动和静止都是相对的，力不是使物体运动，而是使物体的运动状态发生改变。
能量观	能量是物质转换的量度，自然界中不同的能量形式与不同的运动形式相对应，物体运动有机械能，分子运动有内能，电荷运动有电能，原子核内部运动有核能等，能量既不会凭空产生，也不会凭空消失，它只能从一种形式转化为其他形式，或者从一个物体转移到另一个物体，在转化或转移的过程中，能量的总量不变。

5. 让精神成为你的追求

《中国学生发展核心素养》总体框架将"科学精神"列为六大素养中的第二个核心素养。对初中物理而言，物理精神教育体现的正是包括理性思维、批判质疑、勇于探究等基本要点在内的科学精神，它涵盖了物理教育的行为规范和价值标准。其教育资源来自于物理学家的人文情怀和科学精神，因为每个物理学家的背后都有一些为后人津津乐道的关于精神世界的传奇故事。如居里夫人视名利如粪土的人格风范、焦耳严谨治学的科学态度、牛顿勇于探索的创新情怀、爱因斯坦敢于挑战的质疑品格、伽利略追求真理的献身精神等。这些感人故事正是实现课程目标"情感、态度、价值观"、进行品格陶冶的最佳载体，都能成为你的精神追求。犹如一棵大树进行光合作用需要阳光，生长成才需要雨露养分一样，物理精神教育对你品格的锤炼是无与伦比的，千万不能等闲视之。物理精神教育的内容示例如表 5-6-5 所示。

表 5-6-5

物理精神	教育内容示例
理性思维	物理概念的形成,对已知作出肯定与否定的判断,推理出能反映事物发展的必然趋势。
批判质疑	伽利略对亚里士多德的批判,是为了矫正力与运动的关系,力不是物体运动的原因,而是改变物体运动状态的原因。对力是维持物体运动的原因提出质疑是为了求真。
勇于探究	从还原阿基米德原理发现的探究过程,拓展为与当前生活实际密切相关的问题进行探究。

从物理教育之树的树叶(数以千计的物理知识)到树枝(提炼出 36 个物理方法)到树干(提炼出 10 个物理思想)到树根(提炼出 3 个物理观念)到树果(提炼出 1 种精神),这就是学生发展核心素养必备品格教育的全貌,如图 5-6-3 所示。

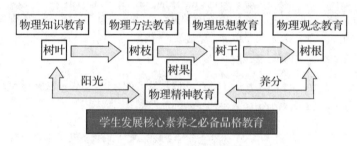

图 5-6-3

《中国学生发展核心素养》总体框架虽为育人模式的变革提供了新的活力,但其关键还在于如何将能够适应学生终身发展和社会发展需要的必备品格和关键能力具体落实到学科教育和教学中去。变教学为教育,变授业为育人,这才是学生发展核心素养教育的真正目标。

信息窗

何 为 品 格

我国北宋时期的著名教育家胡瑗认为:致天下之治者在人才,成天下之才者在教化,教化之所本者在学校。学校在人生的旅途中扮演着重要的角色,有的甚至会影响一个人的一生。这种影响不在知识,而在品格,是品格教育。

品格是一个人的基本素质,它决定了这个人回应人生处境的模式。教育家罗家伦在他的《中国人的品格》一书中提倡以"知识陶冶、哲学要旨、思想特质、人生价值、侠的精神"来提升中国人的品格。我们可以将其拓展为物理教育对学生进行品格塑造的五个内容。将其中的知识陶冶拓展为物理知识教育,哲学要旨拓展为物理方法教育,思想特质拓展为物理思想教育,人生价值拓展为物理观念教育,侠的精神拓展为物理精神教育。这五种教育相辅相成,共同构筑起完整的物理教育结构,是提升学生发展的必备品格,使之早日成才。

解密室

心 灵 世 界

品格教育的实质就是塑造你心灵世界的教育,这个心灵世界就好比是一棵树,也有叶、枝、干、根、果这五个要素,如图5-6-4所示。树的成长好比人的成才,品格教育中的知识教育好比是树叶在进行光合作用,吸收知识营养;方法教育好比树枝的婀娜多姿,展示其迷人风采;思想教育好比树干在挺拔升空,逐渐长成参天大树;观念教育好比树根深植于土壤之中,适应其自身发展的需要;精神教育好比阳光雨露,确保光合作用和养分吸收而结出丰硕果实。老师对你的品格教育犹如园丁在精心培育你这棵小树,让你茁壮成长,终成参天大树。

图 5 - 6 - 4

感悟台

小 试 牛 刀

通过本节的学习,你对品格及其塑造有哪些新的感悟?请撰写一篇"我的品格塑造"千字文,让你的父母给其作出"合格、优秀、点赞"的评价。

瞭望角

本 章 总 结

综观本章各节所述,你的心灵深处是否已经升腾起一幅绚丽的画卷:

学习动机是引起、维持和推动你进行学习活动的内部力量。它是由你的学习需要引起的,它提供的"诱因"成了学习心理的原动力,推动着你向着既定目标一路前行。它犹如你心灵的一盏明灯,点亮成才之路。

学习兴趣是由你学习的需要所表现出来的一种认识倾向,是推动你满怀乐趣地学习的强大动力。它是你心灵深处架起的一座天桥。一旦你的心灵深处有了这座天桥,你就会带着浓厚的兴趣去主动学习、发现问题、提出问题、解决问题,你就能在知识的长河中勇敢搏击,获取精神上的一种需要和满足,并自发地由志趣向情趣转化,向乐趣升华。

情感是你心理活动的基本过程,它是你对客观现实的态度体验,在你的心理活动及其结构中占据着十分重要的地位,体现着你人格的动力特征。它是你心灵深处的一颗火苗,需要你精心点燃。它为你的成才增添内部动力,使你的情绪向着情感转化,向着情操升华。

意志是你为了实现一定目标,并根据这一目标来支配调节自己行动的心理过程,它是你在日常生活和多种活动中形成起来的,是你心灵中的一座自强不息的熔炉。只要你能保持心中熔炉之火永不熄灭,你就会勇敢地创出一条成才之路。

性格是你对现实态度和行为方式的比较稳定的心理特征,是你心灵深处的一把钥匙,是你长期受到社会环境的影响和自身努力培养的结果。只要你善于开启这把心灵深处的钥匙,你的内心就会自动形成"活动方式→心理特征→现实态度→世界观"这四个层次的正向提升。

品格是你集知识、方法、思想、观念、精神于一体的心理特征,是你心灵深处的一个精彩世界。它是一个整体,不能分离。你的品格犹如大树一样,在园丁的呵护下,逐渐散叶、开枝、立干、生根、结果。叶是知识,枝是方法,干是思想,根是观念,果是精神,汇成一体,就成了你最为宝贵的品格。

但愿你心灵的明灯越点越明亮,心灵的天桥越走越扎实,心灵的火苗越燃越旺盛,心灵的熔炉越炼越坚强,心灵的钥匙越开越灵活,心灵的世界越来越强大,你的成才之路也一定会越走越宽广。相信你,加油!

收获篇

再试牛刀

通过本章的学习与总结,你对心灵塑造之谜是如何解读的? 请撰写一篇"我的心灵塑造"千字文,让你的父母给其作出"合格、优秀、点赞"的评价。

自评记录表

姓名

章节	自评等级	每章节自评关键词	每章自评小结
第一章			
第一节			
第二节			
第三节			
第二章			
第一节			
第二节			
第三节			
第四节			
第五节			
第三章			
第一节			
第二节			
第三节			
第四节			
第五节			
第四章			
第一节			
第二节			
第三节			
第四节			
第五节			
第六节			
第五章			
第一节			
第二节			
第三节			
第四节			
第五节			
第六节			